灾难危机防护实用丛书

灾难危机全民应对手册

Handbook of Coping with Disasters and Crises

毛应华 杨龙 郑亦军 主编

文匯出版社

《灾难危机防护实用丛书》
编委会

序 言

1986年，德国著名社会学家乌尔里希·贝克在《风险社会》一书中描述了令人不安的风险社会图景。随着经济全球化进程的快速发展，影响国家安全、公共安全、环境安全与社会秩序的不确定、不稳定因素日益增多，各类灾难、事故发生频率高，危害程度大，“风险社会”的特征越发明显。重大突发事件的发生，不仅对人民群众的生命财产和健康安全构成严重的威胁，而且对社会稳定造成巨大影响，世界各国都在积极探讨如何有效地应对重大突发事件。

当前，我国正面临着经济转轨与社会转型的双重挑战，经济发展不均衡，突发事件呈现出日益频发的态势，影响了社会主义和谐社会的构建。自2003年“非典”爆发以来，我国政府和学界人士对构建突发公共事件的应急管理制度的紧迫性和必要性取得了共识，突发公共事件的应急管理体系建设的理论和学术研究在各方面均取得了较大的进展，在应对突发公共事件的实践中发挥了重要的指导作用。

人民军队是国家突发事件应急救援的骨干力量。南京军区疾病预防控制中心组织专家编写了《灾难危机全民应对手册》一书，此书着重从社会公众应对灾难危机方面入手，详尽介绍了各类突发公共事件的基础知识、预防措施和应对要点，并剖析了典型的经验教训与启示。内容新颖详实，阐述清晰，深入浅出，是一本理论性和实用性并重的科普读物，对公众在面对灾难危机时如何采取有效的避险救灾、自救互救，提高自我防范和消除灾难等方面具有很强的指导意义。

南京军区联勤部卫生部副部长　方胜昔

二〇一二年二月二十日

前言

我国是世界上遭受自然灾害最严重的国家之一，发生自然灾害的种类多、分布地域广、发生频率高、造成损失重；随着经济持续快速发展，工业化、城镇化进程迅猛，人口大量流动，体制转轨和社会转型等进程加快，事故灾难、公共卫生事件和社会安全事件等突发事件也时有发生。灾难危机发生时，处于第一时间、第一现场的公众如何应对，对于控制事态、抢险救援、战胜灾难有着至关重要的作用。公众个人在灾难中采取的行动是否科学合理，往往影响其生存的几率。因此，在公众中普及避险、救灾知识和逃生、自救、互救本领，提高公众自我防范和消除事故灾难的能力，显得尤为必要。

《灾难危机全民应对手册》一书由南京军区联勤部卫生部、南京军区疾病预防控制中心组织专家编撰而成，根据《中华人民共和国突发事件应对法》，分自然灾害、事故灾难、突发公共卫生事件、社会安全事件四大部分，全面介绍了各类突发事件基本知识、预防和应对措施，并剖析了典型案例的经验教训与启示。本书涉及面广，内容全面，科学性、知识性、实用性强，通俗易懂，是一本安全常识科普读物。

本书编写过程中得到了南京军区联勤部司令部的关心和支持。另外，本书参考引用了有关作者的文献和图片资料，在此一并致以诚挚的谢意。书中错误与不妥在所难免，恳请读者批评指正。

南京军区联勤部卫生部副部长　苏皖

二〇一二年二月二十日

目　录

自然灾害篇

事故灾难篇

突发公共卫生事件篇

社会安全事件篇

第一章　灾难危机总论

第一节　灾 难 概 述

纵观人类文明发展的历史，铭刻着深深的灾难印记。战争是人类给自己制造的最大灾难，洪涝、地震、海啸、台风、火山喷发等自然灾害几乎每年都在发生，历史上的全球鼠疫、流感大流行曾导致数千万甚至上亿人感染或死亡，工业革命后的交通事故、工伤事故、有毒化学物质泄漏、核泄漏和环境污染等事件不断增多，还有近年来逐步蔓延全球的恐怖袭击，各种自然或人为的灾难贯穿于人类历史发展的全过程，对人类健康和生命安全带来极大的威胁。

一、灾难的概念

由于研究和管理重点的不同，不同学者和部门提出了许多关于灾难的定义，这些概念的内涵相同或相似，从不同角度描述了灾难危机的特点。多数概念都强调了灾难的两个要素：一是灾难是一种自然或人为的破坏事件，二是其规模和强度超出受灾地区的承受能力。灾难还可以被表述为灾害、危机、突发事件、紧急事件等。

世界卫生组织对灾难的定义是：任何引起设施破坏、经济严重损失、人员伤亡、健康状况及卫生服务条件恶化的事件，如其规模已超出事件发生地区的承受能力而不得不向地区外部寻求专门援助时，就可称其为灾难。

联合国减灾委员会对灾难的定义是：灾难是一种超出受影响地区现有资源承受能力的人类生态环境的破坏。

我国2007年颁布实施《中华人民共和国突发事件应对法》，该法对“突发事件”的定义是：突发事件，是指突然发生，造成或者可能造成严重社会危害，需要采取应急处置措施予以应对的自然灾害、事故灾难、公共卫生事件和社会安全事件。本书中所引用的灾难概念参照该法中的“突发事件”，在后面的章节中将按照以上四类加以阐明。

二、灾难的分类

对于灾难的分类，不同的学科有不同的分类方法。最常见的是根据灾难发生的原因，将灾难分为自然灾难和人为灾难。由于自然因素引起的灾难称为自然灾难，如洪水、干旱、地震、火山爆发、海啸、台风、山体滑坡等；而由非自然或人为因素包括人为疏忽、技术失误、宗教狂热等引起的灾难称为人为灾难，如战争、核事故、交通事故、恐怖袭击等。

参照我国突发事件应对法和《国家突发公共事件总体应急预案》，根据灾难的发生过程、性质和机理，将灾难主要分为以下四类：

（一）自然灾害。主要包括水旱灾害，气象灾害，地震灾害，地质灾害，海洋灾害，生物灾害和森林草原火灾等。

（二）事故灾难。主要包括工矿商贸等企业的各类安全事故，交通运输事故，公共设施和设备事故，环境污染和生态破坏事件等。

（三）公共卫生事件。主要包括传染病疫情，群体性不明原因疾病，食品安全和职业危害，动物疫情，以及其他严重影响公众健康和生命安全的事件。

（四）社会安全事件。主要包括恐怖袭击事件，经济安全事件和涉外突发事件等。

值得注意的是，某类灾难可能与其他类别同时发生，或者引发次生、衍生灾难。如洪水除直接引起人员伤亡和财产损失外，还会导致疾病和瘟疫流行；日本福岛核泄漏事故也是由于地震和海啸引发而来。

三、灾难的特征

（一）突发性

灾难的发生虽然有征兆和预警的可能，但由于灾难发生的时间和地点具有一定的不可预见性，因此灾难总是在意想不到的时间和地点发生。如汶川“5.12”里氏 8.0 级特大地震，一瞬间使数千万间房屋倒塌，数万人遇难或失踪，数十万人受伤，数千万群众失去家园。

（二）严重危害性

灾难不仅会造成人员伤亡和巨大的经济损失，还危害正常的社会秩序，给受害人群的心理带来强烈的刺激和冲击，引发个体、群体心理问题或心理危机的出现。根据国家民政部等部门联合发布的消息，2010 年全国各类自然灾害共造成 4.3 亿人次受灾，因灾死亡失踪 7 844 人，因灾直接经济损失 5 339.9 亿元。

（三）不确定性

不仅灾难发生的时间、地点等方面具有偶然性，而且其发展速度、趋势、影响范围和危害程度也难以预测，很难用常规性的规则进行判断，因此灾难的发展变化过程具有明显的不确定性，造成的危害往往超乎人们的预料。

（四）救援紧迫性

灾难发生突然，发展迅速，需要立即采取紧急救援措施，动用一切可调用的资源和力量投入救援，避免事态恶化，力争在最短时间内平息事件影响，努力把灾难造成的人员伤害和财产损失降到最低。

根据灾难的以上特点，各级政府和个人平时就应充分做好防灾减灾准备工作，才有可能在灾难发生的第一时间采取积极主动应对措施，减轻和减少灾难的危害程度和波及范围。

四、我国面临的灾难威胁形势

我国幅员辽阔、自然地理环境复杂、人口众多，加上经济持续快速发展，工业化、城镇化进程迅猛，人口流动加剧，体制转轨和社会转型等进程加快，面临着多种形式、多种来源的灾难威胁，形势严峻而复杂。

（一）自然灾害危害严重

据地质文献资料显示，世界上分布着两大自然灾害带：一条在北半球中纬度，另一条在环太平洋地区。我国正处于这两大世界自然灾害带的交汇地带，是世界上自然灾害严重的少数国家之一。我国发生自然灾害的种类多、分布地域广、发生频率高、造成损失重，洪涝、干旱、台风、风暴潮、滑坡、泥石流、风雹、低温冰冻、地震等灾害造成的损失都位居世界各国前列，给人民群众的生命财产造成了巨大的损失，也严重影响了经济社会健康稳定发展。

（二）生产安全事故高发

我国正处于工业化快速发展的阶段，存在诸多影响安全生产和环境安全的深层次矛盾。研究结果表明，目前我国对安全的投入占 GDP 的比重不足 1%，而发达国家的预防投资占 GDP 的 3.3%，安全投入的不足造成安全生产基础薄弱，事故隐患大量存在；同时由于生产和管理人员安全素质较低，安全意识、风险意识淡薄，管理不善，安全生产制度不落实，违章指挥、违章作业现象严重，因此造成各类生产安全事故高发，损失严重，重大、特大安全事故时有发生。如国家安监总局通报，仅在 2006 年 10 月 24 日至 11 月 7 日，山西省就连续发生 2 起煤矿特大事故和 2 起特别重大事故，造成 102 人死亡或下落不明。2003 年重庆开县发生的天然气井喷事故也是由于一系列的违章操作造成的。因此，防范重大安全事故发生既要作为经济建设的重要内容，保证经济建设顺利实施；也要作为维护社会稳定和保障人民群众生命财产安全的重要行动，从战略的高度维护国家正常的经济秩序和社会秩序。

（三）公共卫生事件防控任务艰巨

近年来，我国重特大疫情和群体性不明原因疾病时有发生，传播速度快、涉及范围广、防控难度大，对我国的经济发展、社会稳定、对外开放等造成了严重影响。传染性疾病防控形势相当严峻，一些原已被控制的传染病，如结核、血吸虫病、麻疹、鼠疫、性病等死灰复燃；全球新发现的 30 多种传染病已有半数以上在我国出现，如 SARS、艾滋病、军团病、高致病性禽流感、甲型 H1N1 流感等。同时，随着社会经济发展，肿瘤、心脑血管病、代谢性疾病等慢性非传染性疾病的发病率和死亡率也在不断上升。食品安全成为民生焦点问题，由于部分食品生产者诚信缺失，道德沦丧，加上监管不力，我国食品安全事件接连不断，毒火腿事件、劣质奶粉引起的“大头娃娃”事件、苏丹红事件、瘦肉精事件、冷冻食品细菌超标事件、地沟油、三聚氰胺奶粉事件、染色馒头事件等，性质十分恶劣，严重威胁人民群众身体健康和生命安全。

（四）公共安全面临新挑战

随着经济的发展，工业化、城镇化进程加快，城市建设日益信息化、管网化、立体化，带来高层建筑和油、气、水、电等生命线安全管理一系列新的问题；交通、能源、水利等重要基础设施建设不断加快，安全运行保障工作压力越来越大；电子、信息等高新技术快速发展，在促进经济发展、方便群众生活的同时，也带来新的信息、网络安全威胁和风险。随着改革的不断深入，我国当前正处于利益格局调整、社会矛盾凸显的社会转型期。由于体制、法制、机制建设的不完备，难免会带来分配不公、贫富差距拉大等问题，极易诱发各种社会问题，影响社会稳定。民族分裂主义、恐怖主义和宗教极端主义在全球逐步蔓延，严重影响着国际稳定和安全，对我国安全带来新的不利因素。这些非传统公共安全事件起因复杂、突发性强、蔓延迅速，预防处置工作难度大，稍有不慎，往往会造成严重后果。

严峻的灾难威胁形势不仅要求政府必须加强灾难危机应对管理职能，建立适合我国特点的灾难危机应急管理体系，还要强化全民的风险防范意识，深入开展公共安全教育进社区、进农村、进基层、进课堂活动，提高全民自我防护能力，形成全民动员，全社会共同防灾减灾的良好局面。

第二节　灾难危机应对的个人准备工作

近年来，在构建和完善灾难危机应急管理体系实践中，一些国家和国际组织逐渐认识到，仅靠政府的力量还不足以有效应对灾难，必须广泛动员社会力量参与，才能全面提升、最大限度降低灾难的危害。实践也证明，当灾难来临时，个人的行动是否积极合理，往往影响其在灾难中生存的几率。据统计，我国每年在火灾中丧生的3 000多人中，绝大多数是由于不懂逃生知识，采用错误逃生方法，盲目跳楼或擅自关闭安全疏散出口造成的。

许多国家对公众的应急技能培训极为重视，德国、日本等国都是从娃娃抓起，幼儿园、中小学普遍设有相关教学内容，英国重视在日常生活中通过知识普及和情境训练来提高公众应急能力。我国对公民的应急知识和技能培训方面还比较薄弱，亟待社会各方面的重视和投入，应借鉴国外先进经验，在群众中普及避灾、救灾知识和自救、互救本领。从公众个人的角度讲，平时应做好相关的灾难应对准备工作，储备家庭和个人应灾物资，学习掌握灾难应对知识和技能，学会在紧急状态下的正确反应，增强自己的避险与逃生能力，在灾难来临时才能真正做到坦然面对，临危不乱，绝境逢生。

一、基本准备工作

（一）了解灾难信息，学习掌握应灾知识和技能

了解本地区容易发生的灾难事件如火灾、地震等，掌握家庭和工作场所周围存在的主要危险信息，包括化学工厂、农药厂、危险品仓库、加油（气）站等，只有了解了这些信息，才能有针对性地做好相关准备。近年来，我国各级人民政府应急办、人防等部门印发了适合本地的防灾应急手册，并免费向市民发放，可向这些部门索取。互联网上也有大量介绍灾难应对知识和技能的信息。学习掌握应对各种灾害和紧急事件的基本常识，积极参加社区和应急部门举办的灾难应对和急救知识培训班，以及灾难应急演练，包括消防演习、救生训练等，切实提高在灾难中避险、逃生和自救互救能力。

（二）了解应急避难场所位置

在地震多发的日本和我国的台湾，学校和医院是理想的避难

所。但是2008年汶川大地震时，倒塌最严重的恰恰是学校，所以我国目前十分重视应急避难场所的建设，逐步把学校、医院、大型的体育场所、聚会的广场等建成安全牢固的避难场所，供市民在紧急情况时避难使用。应急避难场所通常会提供水和基本卫生设施，有基本的医疗服务。虽然目前许多地方都设有应急避难场所，也有相应的标识，但是由于宣传不够，并不为市民广泛熟知，因些有必要在平时了解家庭和工作场所附近应急避难场所的位置。

（三）及时掌握政府发布的灾难预警信息和指示

国家根据预测分析结果，对可能发生和可以预警的灾难事件进行预警，依据事件可能造成的危害程度、紧急程度和发展势态，预警级别一般划分为四级：Ⅰ级（特别严重）、Ⅱ级（严重）、Ⅲ级（较重）和Ⅳ级（一般），依次用红色、橙色、黄色和蓝色表示。除了预警信息外，政府还会根据需要，通过各种媒体发布应灾指示信息，如有必要组织疏散时，会发布疏散建议路线等，因此要注意保持获取信息渠道的畅通，包括广播、电视、报刊、通信、网络等方式。如收到撤离通知，则应遵照疏散建议路线有序撤离，切勿抄近道，因为近路可能已被封锁。

（四）家庭日常安全检查

家庭中通常存在许多安全隐患，平时应注意检查，并逐一排除。家中切勿堆放易燃易爆物品；灯具须远离窗帘、衣物等易燃物品；家中应备有灭火器，所有家庭成员须了解其使用方法；在家中装设油烟警报器，注意安装位置和房间，尤其要重视卧室；经常检查家中电线有无老化、裸露甚至断裂等现象，如有应及时更换或修复；不要在衣橱等高处堆放行李箱等重物，以免坠落砸伤人员。

（五）制定家庭应急方案

对于个人和家庭，应急方案的具体内容包括：

1. 确定家庭成员紧急情况发生时的会面地点，一个在住宅附近，另一个在住宅区之外。

2. 在本地和外地各选择一位朋友或亲属作为家庭紧急联络人，发生紧急情况时，家庭成员可以通过这两位固定的联络人取得联系。

3. 为每位家庭成员准备一张信息联络卡，尤其是老人和儿童，包括姓名、家庭地址、家庭其他成员、联络电话等信息。

4. 将家庭紧急联络人的号码、常用报警号码、书面的住宅方位说明贴在家中电话机旁，教会所有家庭成员包括孩子如何拨打110报警电话等。清晰的住宅方位说明用以拨打紧急救援电话时告知对方如何到达。

5. 让家人都知道电源总开关、天然气（煤气）阀门等各种设施的位置，并学会如何在紧急情况下关闭总电源和天然气（煤气）的方法。告诉家庭成员各种应急装备的位置，包括灭火器、急救包和应灾装备。

6. 针对不同灾难和事件，确定家庭中的避难点或“安全房间”、逃生路线等，并告诉家庭成员，不定期与家人一起开展模拟练习。

二、应灾物资储备

大多数灾难都在毫无预警的情况下突然发生，随即会造成停水、停电、停气、交通和通信中断等情况，虽然政府会储备必要的物资供受灾群众在紧急情况下使用，但有时可能无法及时送到。因此，大多数政府组织及非政府组织建议，为了确保个人和家庭的安全和健康，需储备可支持72小时的物资，用以满足基本需要。同时建议放置一份简装版应急装备在家庭用车里，可支持24小时的物资。

（一）水

按每人每天4升的供应量储备供家庭成员使用三天的饮用水量，主要用于饮用、准备食物和清洁卫生，如有儿童、老人和病人还要增加储备水量。饮用水必须储存在干净、密封、易携带的塑料容器中。储存水的容器应放在阴凉处，不要在太阳下曝晒，避免与杀虫剂、汽油等有毒有害物质接触，每 6 个月更换一次。

（二）应急食品

至少储备供家庭成员食用 3 天以上的食物。选择有效期较长、不需冷藏和加工、即开即食的食物，不要准备太咸或太辣的食品。有婴儿时需储备配方奶粉等食物。可供储备的应急食品有：肉类、鱼、蔬菜、水果罐头（最好选择容易开启的产品，否则需配备开罐器）；罐装或盒装的果汁、牛奶、汤；花生酱、饼干、巧克力、坚果、牛肉干等高能量食品；维生素片；糖、盐等调味品。市场上的军用口粮或速食食品也可供选择。

将食物放在密闭的容器中，防止鼠类和其他昆虫叮咬或破坏，储存在干燥、阴凉的地方，避免食物与汽油、农药、杀虫剂、颜料等接触。标注主要食品的储存时间和有效期，及时更换。罐装食品出现漏缝或罐体出现膨胀时不能食用。

（三）应急工具

家庭准备的应急工具包括安全帽、多用途灭火器、应急逃生绳（承重力不小于 200 千克，绳直径为 25 毫米至 30 毫米，外裹阻燃材料）、电池式（含备用电池）或手摇式收音机、发光二极管（LED）手电筒或头戴式照明灯（含备用电池）、防风打火机或防水火柴、蜡烛、多用途折叠刀具、铁锤、露营铁锹、厚劳保手套、雨衣或塑料布、哨子、安全别针、针线、纸笔等。

（四）卫生用品

湿巾、厕纸、毛巾、香皂、洗衣粉、洗手液、牙刷、牙膏、梳子、镜子、刮胡刀、防晒霜、驱虫剂、女性用品（卫生巾）等。

（五）衣物

每位家庭成员至少备有一套换洗衣物（包括袜子、内衣、衬衣和裤子)，结实耐磨的鞋子，帽子、手套、保暖外套或毛衣、毯子或睡袋等御寒用品。

（六）急救包

在家中或车里应常备一个急救包，并保证家庭成员都知道医药包的位置并掌握使用方法。须注意药品保质期，定期更换药品。

急救包中可常备下列物品：急救手册，过氧化氢、碘伏或碘伏棉棒、烫伤药膏、跌打药膏、消炎止痛药膏、抗生素药膏、创可贴、眼药水等外用药，止泻药、退烧药、止痛剂、抗生素、蛇药、防暑药、处方药等内服药，用于外伤处理的绷带、纱布、医用胶布、医用棉花、棉棒、三角巾、夹板、医用手套等医用材料和剪刀、镊子、体温计等医用工具。

（七）其他物品

1. 婴幼用品：尿布、奶瓶、配方奶粉及所需药品。

2. 特殊用品：处方药、假牙、眼镜或隐形眼镜及药水、助听器电池。

3. 重要物品：身份证、驾照、护照、社保卡、信用卡、遗嘱、保险单、房产证、合同、银行账户号码等家庭文件影印件，备份的汽车和房屋钥匙，现金或信用卡。

进行应急物资准备时，以上的物资清单供参考，根据个人的需求和条件进行选择，原则是首先满足最基本的生理需求和安全需求，也就是能够生存的最低要求。

上述各项物品须装在结实而容易携带的容器中，相对于一个或两个大容器，多个小容器更容易移动。将家庭应急装备放在方便易取之处，并告知所有家庭成员。定期更换储备的水和食物，每年都重新整理和添减相关物品，注意更换电池，随季节调整衣物。

第三节　常用急救技术

灾难往往会造成大量人员受伤，同时也造成医疗条件严重恶化，使伤员无法及时获得专业人员的医疗服务。为危重伤员立即施行正确的急救措施能避免伤情加重，增加挽救生命的机会，而此时能实施最有效最及时急救的人就是伤员自己或身边的人。因此，每个人都应掌握一些基本的急救方法，做到有备无患。

一、急救的基本步骤

现场急救的首要任务是抢救生命、减轻伤员痛苦、避免伤情加重、防止发生并发症，并正确而迅速地把伤员转送到医院。

提供急救时，施救者必须考虑自身安全，要注意观察周围的环境是否安全，除非是受过专业培训的救援人员，否则不能贸然进入危险区域，以免受到伤害。评估伤员损伤状况，并确定伤病员留在目前位置是否安全，如果身处险境或是为了更有效地提供救护需要，则需将伤员转移。

（一）报警求助

一旦发生人员伤亡，不要惊慌失措，要马上大声呼救或拨打 120 急救电话报警。

（二）现场紧急处置

1. 迅速使伤员脱离危险环境或去除致伤因素。如撤离中毒现场，搬开压在身上的重物，立即用大量清水冲洗被强酸或强碱灼伤的皮肤或眼睛，意外触电应立即切断电源等。

2. 将伤员置于合适的体位是简易常用的急救技巧。气道通畅、有自主呼吸和循环体征的昏迷患者使用恢复期体位（患者身体侧卧，手臂置于前方）。已知或怀疑脊髓损伤的患者，应选择仰卧体位，并尽量减少移动患者。孕妇应该首选左侧卧位或使用HAINES体位（将伤者的一只手伸展过头，然后将身体侧卧使患者的头靠在伸展的手臂上，屈曲双膝关节以稳定患者）。假如仰卧位难以维持气道开放，患者有分泌物或呕吐，或急救者必须暂时离开患者，则建议使用HAINES体位。

3. 按照ABC顺序检查伤员生命体征。检查伤员气道（A）、呼吸（B）、循环（C）情况，如果伤员呼吸道堵塞，要立即清除口鼻内的泥沙、呕吐物、血块或其他异物，保持呼吸道通畅；如无呼吸或心跳停止，应就地立刻施行心肺复苏。

4. 有创伤出血者，应迅速包扎止血。止血材料宜就地取材，可用加压包扎、上止血带等。有骨折者用夹板、木板或树枝等临时固定。

5. 如有腹腔脏器脱出或颅脑组织膨出，不能把脱出的脏器和脑组织送回体内，以免加重感染，可先用干净毛巾、软布料、敷料盖住，扣上干净合适的碗具加以保护，避免压迫脏器和脑组织，再用绷带或三角巾包扎固定。

6. 神志昏迷者，未明确病因前，注意心跳、呼吸、两侧瞳孔大小。有舌后坠者，应将舌头拉出或用别针穿刺固定在口外，防止窒息。

（三）后送伤员

按照伤情的轻重缓急，选择适当的运输工具将伤员尽快转送到医疗机构进一步救治，运送途中应注意观察伤员的伤情变化。

二、常用急救技术

（一）呼吸道通气

呼吸是生命活动的基础。因血凝块、组织碎片、泥土、呕吐物等异物阻塞伤员的鼻、咽、喉、气管等呼吸道各部位，昏迷伤员因舌后坠阻塞气道，在数分钟内伤员即会窒息、缺氧而死亡。抢救时分秒必争地准确判断和解除各种原因引起的呼吸道阻塞，使气道通畅，称为通气。

1. 呼吸道阻塞的判断

(1) 有受伤史，如可见头面部某处有创伤等。

(2) 面色及口唇青紫，呼吸困难，呼吸急促或或伴有异常呼吸声，如鼾声一般提示舌后坠。

(3) 伤员痛苦挣扎，四肢舞动，烦躁不安，口腔有血液等异物，脉博快而弱或慢而沉。

2. 通气方法

(1) 手指清理法

一手以拇指、食指拉出伤员舌头，另一手食指伸入口腔内，将口咽部的血凝块、组织碎片、泥土、分泌物等掏出，是保持呼吸道通畅最先使用的方法。

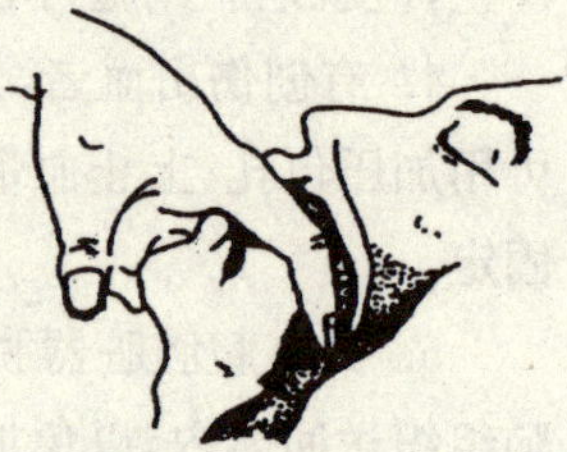

手指清理法

(2) 双手托下颌角法

适用于舌后坠阻塞声门的昏迷伤员，忌用于颈椎损伤人员。伤员取仰卧位，用双手托起伤员两侧下颌角，即可解除气道阻塞，声音转为正常，如伴有异常呼吸声，迅速用手指伸入口腔掏出口内异物，呼吸通畅后改俯卧位。

1　　2

双手托下颌角法

(3) 击背法

使伤员上半身前倾或半俯卧，急救者一手托住伤员胸部，用另一手的掌根部大力叩击背部，促使其咯出上呼吸道的阻塞物，适用于喉部、支气管异物者，忌用于胸背部、脊椎损伤者。

(4) 垂俯压腹法

站在伤病员身后，双手向前环抱伤病员腹部，使伤员上半身前倾，一只手握紧为拳头，放在肚脐和剑突之间，用另一只手抓住拳头，间歇性快速向内和向上用力冲击，促其咯出或吐出呼吸道阻塞物，适用于喉部、气管、支气管异物者，忌用于胸背部、脊椎损伤者。

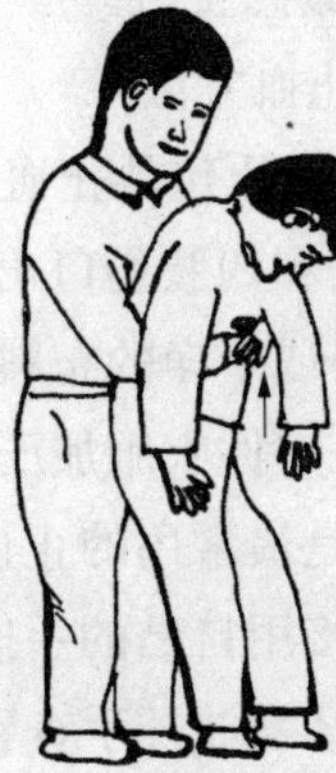

垂俯压腹法

(二) 止血

伤口大量出血往往是导致伤员休克或死亡的重要原因，一般失血量达到总血量的20%就可能出现血压下降，甚至导致休克；失血量超过总血量的50%就有生命危险，急性失血1 000 ml就能危及伤员生命。因此在救护的过程中，必须迅速、准确地进行止血，才能有效地抢救伤员。

1. 出血种类的判断

(1) 动脉出血

颜色鲜红，呈喷射状，有博动，出血速度快，量多。

(2) 静脉出血

颜色暗红，呈缓慢涌流状，出血量也多，速度不及动脉出血快。

(3) 毛细血管出血

颜色鲜红，呈片状渗出，出血点不易判明，多能自动凝固止血。

另外，由于体内脏器和组织受损而引起的内出血，血液流入体腔内，外表看不见，容易被忽视，需要特别引起重视。

凡脉博快而弱，脸色苍白，四肢发凉，冷汗淋漓，皮肤湿冷，呼吸浅而快，躁动烦渴，意识不清，多表示伤员伤势严重，处于休克状态，需要紧急止血。

2. 止血方法

（1）加压包扎止血法

体表和四肢伤口出血，大多可用加压包扎法止血。常以急救包内敷料或干净的布料覆盖伤口，然后使用绷带、三角巾、干净的布甚至是一件衣服加压包扎，松紧以止住出血为度。本法简便，安全有效，是最常用的止血方法。如果身边没有可以包扎的材料的话，就直接用自己的手按住伤口止血，持续至少 20 分钟，而且要记住，不能经常放开手查看伤口是否已经止血。

（2）止血带止血法

止血带止血法仅适用于四肢大动脉出血时的止血。由于上止血带后肢体远端缺血，时间过长会使肢体坏死、残废，甚至危及生命，所以使用止血带要慎重，只有在采取其他止血方法无效，不得已时才能使用，如用直接压迫无法控制出血以致危及生命时。

① 橡皮止血带止血法：先在上止血带的部位用衣服、毛巾、棉花、敷料、纱布等垫好后，以左手的拇指、食指、中指持止血带的头端，右手将止血带适当拉长，将长的尾端绕肢体两圈压住头端，然

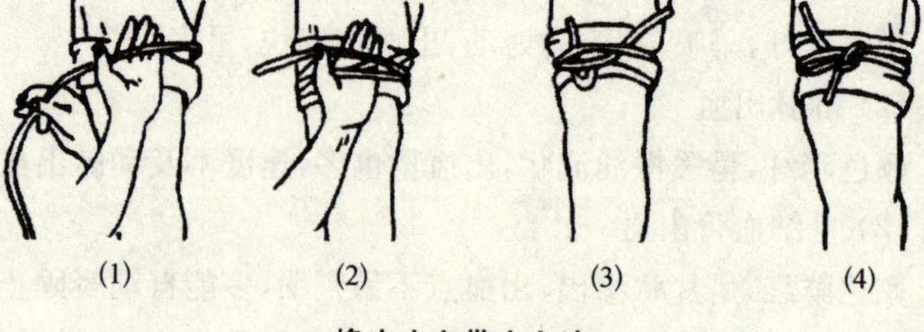

(1) (2) (3) (4)

橡皮止血带止血法

后用左手食指和中指夹住尾端从环下拉过，使之成一活结，松紧度以达到止血为宜。如要放松止血带，只要拉出尾端即可。

② 绞紧止血法：无止血带时，可用叠成带状的三角巾、布带、手巾等作绞紧带使用（禁止使用铁丝、电线或绳索作绞紧止血材料）。在伤口近心端放好衬垫后，将绞紧带绕肢体一圈，两端向前拉紧，打一活结，将笔杆、筷子等作绞棒插在外圈内，提起绞棒绞紧至不流血为止，将绞棒一端插入活结环内，拉紧活结头与另一头打结固定绞棒。

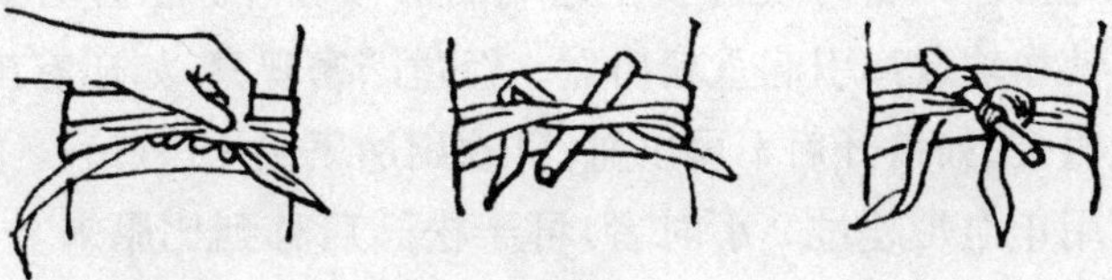

(1)　(2)　(3)

绞紧止血法

③ 勒紧止血法：无止血带时，可在伤口上部的动脉上放一敷料卷或纸卷做垫，用绷带、叠成带状的三角巾或其他就便材料勒紧止血。

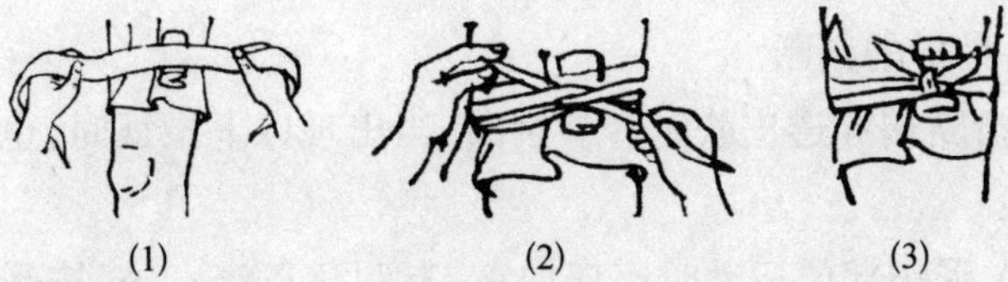

(1)　(2)　(3)

勒紧止血法

④ 使用止血带的注意事项：

止血带应扎在伤口的近心端，上臂和大腿部都应扎在上 1/3 的部位。上臂的中 1/3 部位不可上止血带，以免压迫损伤桡神经，引起上肢麻痹。大腿中段以下，动脉较深，不易压住。

止血带与皮肤之间要加垫，如敷料、衣服等，不能直接扎在皮肤上。

止血带松紧要适度，止血效果要确实。上止血带后，四肢伤口的喷射状出血应停止，远端动脉博动应消失。不可过紧，以免伤及神经；也不可过松，出血反而会更多，而且会引起肢体的肿胀和坏死。

上止血带要有明显的标志，并注明上止血带的时间。

止血带每隔 1 小时(冬季不超过 30 分钟)应松开一次，每次松开 2～3 分钟，以暂时改善肢体远端的血液循环。松开时要慢，过快容易使血块脱离引起重新出血。经过严密观察，如还有出血，应再上止血带；如松开后不再出血，可改用加压包扎伤口。

使用止血带超过 2 小时者，可于松开后移到比原来上止血带稍高的位置重新绑扎。

（三）骨折临时固定

骨折临时固定的目的是为了减少骨折断端的活动，防止尖锐的骨片损伤周围的血管、神经、肌肉和重要器官，减轻伤员疼痛，便于搬运转送伤员。早期对骨折进行及时有效的处理，有利于预后及伤肢的恢复。

1. 骨折的判断

骨折断端穿透皮肤时容易判断，当出现以下指征时，也可判断为骨折：

(1) 受伤部位运动时疼痛加重，有明显压痛点，轻按受伤部位时疼痛加剧，有时可摸到骨折断端或扪到嘎吱的骨摩擦感。

(2) 受伤部位或伤肢异常变形，如肢体变短、屈曲或旋转。

(3) 受伤部位肿胀，或伤肢不能活动，如股骨骨折时不能行走。

轻度骨折时全身症状不明显，但严重骨折可伴有血管、神经和脏器损伤，疼痛剧烈，容易出现创伤性休克。不要为检查是否骨折而移动伤处，否则可能会造成严重后果。如不能判断伤员是否骨折可按骨折固定。

2. 骨折临时固定方法

骨折临时固定材料可用制式夹板，无夹板时就地取材，如木板、树枝、竹杆、棍棒、厚纸板等，也可将伤肢固定在健肢上。衬垫可选用敷料、棉花、纱布及衣物等，用三角巾、绷带，布条及其他材料绑扎。

(1) 骨折临时固定的一般原则和要求

① 怀疑有骨折时，应按骨折处理。

② 开放性骨折伤员伴有伤口大量出血时，先止血包扎，再进行骨折固定。不能把外露的骨折断端送回伤口内，防止加重感染。

③ 凡骨折伤员一般应先就地固定，不要任意搬动，以免加重伤情。

④ 固定要牢固，松紧要适宜，避开骨折处，夹板长短适宜，不但要固定骨折的上下端，还要固定骨折部位的上下两个关节。

⑤ 四肢骨折时，应先固定骨折的近端，然后固定骨折的远端，露出指(趾)端，以便观察血液供应情况。冬季要注意保暖，如发现指(趾)苍白或青紫现象时，应松开重新固定。

⑥ 固定材料不应直接接触皮肤，尤其是骨突出部位，应垫以衣物、棉花等，防止压迫皮肤引起损伤；夹板与身体之间的间隙也要填塞，防止松动。

⑦ 离断肢体有再植可能的，如断端较整齐、污染较轻、时间较短，应包好随伤员一齐送往医院。伤员断离的肢体、指、趾、耳、鼻等用灭菌急救包或干净的布包好。如可能，将其加垫放在冰上，不要放在冰内，以免冻伤，注明受伤时间。在 4℃的冷藏条件下，离

断后超过 24 小时的肢体尚可再植成功。

(2) 骨折临时固定方法

① 上臂骨折：在上臂外侧放一夹板或木板，用绷带或布条将骨折上下两端固定，屈肘 90°，用三角巾或布带将前臂吊于胸前，最后可用宽带或三角巾将伤臂固定于体侧。或将手插入相当于 3～4 纽扣之间的衣襟内，然后用带子将上臂固定于胸部。

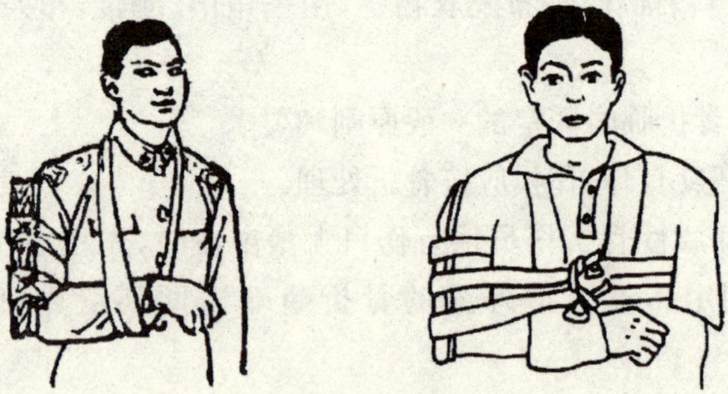

上臂骨折夹板固定法

前臂骨折夹板固定法

② 前臂骨折：用两块夹板或木板分别放于掌侧和背侧，用绷带或布条绑扎固定前臂于中立位(屈肘 90°)，再用三角巾或布带将前臂吊于胸前。

③ 大腿骨折：将一块长度相当于从脚到腋下的夹板或木板放在伤肢外侧，关节和空隙部位加垫，用三角巾或布带分别在腋下、腰部、骨折上下端及膝、小腿、踝关节等处固定。若无足够长的木板，也可将两下肢并列，在两腿的骨突部膝、踝关节处和空隙处加垫，用绷带、三角巾或其他带子将伤肢固定于健肢上。

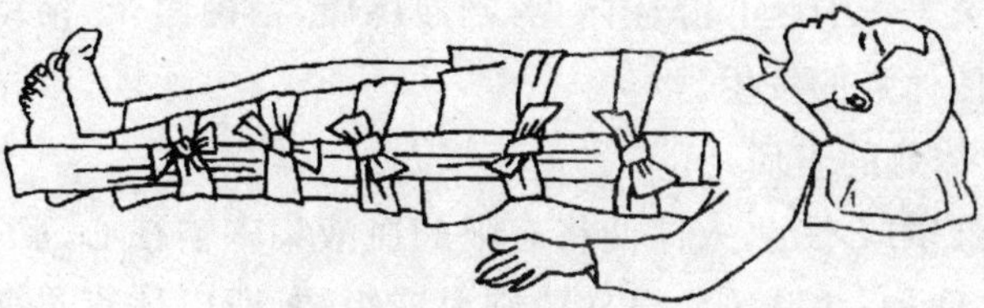

大腿骨折夹板固定法

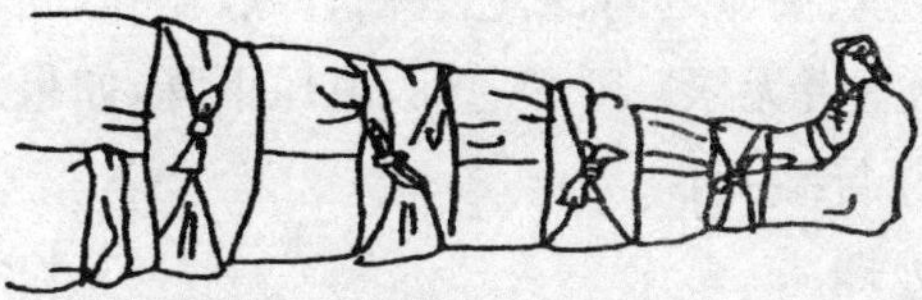

大腿骨折健肢固定法

④ 小腿骨折：将长度相当于大腿中部到足跟的夹板或木板放在小腿外侧，也可内外侧各放一块，在关节处加垫，用带子固定。在足部用“8”字型固定，使足与小腿成直角。也可采用健肢固定法将两腿固定，两足部用“8”字型固定。

小腿骨折夹板固定法

（四）休克的急救与处理

休克是机体有效循环血量急剧减少，人体重要器官血液供应不足，细胞缺氧、代谢障碍的一种危急临床综合症。如不及时救治，休克能造成死亡。

引起休克的病因很多，大出血、严重脱水、大面积烧伤等引起低血容量性休克，严重创伤引起创伤性休克，败血症、急性腹膜炎、中毒性菌痢等可引起感染性休克，急性心肌梗塞、急性心肌炎、急性心包炎等可引起心源性休克，剧烈疼痛、精神紧张、情绪恐慌等也能促使休克的发生。

1. 休克的表现

血液供应不足，人体便将有限的血液集中输往心、脑、肾等重要器官，肌肉、皮肤等次要部位则血液短缺，所以休克早期表现为烦燥不安、面色苍白、出冷汗、四肢湿冷、脉压减小等症状，进一步发展为表情淡漠、反应迟钝、面色苍白、四肢端和黏膜紫绀、脉搏细速、尿量少（严重者无尿）、呼吸急促、血压下降，如果症状继续加重则发生昏迷，可导致死亡。

2. 急救处理

处理休克的最基本方法是安静和保暖。

应立即让伤员躺下，采用平卧位，保持安静，避免不必要的搬运。对于无脊柱损伤证据的休克伤员，可将双腿抬高 15～30 厘米以利于静脉回流。

采取保暖措施，保持伤员热量，可盖上毯子等保暖，使伤员不致发抖。

注意保持呼吸道通畅，如伤员发出鼾声，应立即抬起下颌，检查口腔内有无阻塞异物，呼吸停止者应立即施行人工呼吸。

（五）心肺复苏

对呼吸心跳停止的急症危重伤员所作的抢救治疗叫做心肺复苏。心肺复苏的目的是开放气道、重建呼吸和循环。人们只有充分了解心肺复苏的知识并接受过此方面的训练后才可以为他人实施心肺复苏。

在溺水、车祸、雷击、触电、摔伤等意外事件中出现心跳和呼吸停止的伤员，应在第一时间（最好在 4 分钟以内开始）进行心肺复苏。

1. 呼吸心跳停止的判断

(1) 判断伤员意识是否丧失。看到伤员，先检查意识（拍肩、询问怎么了)。判断伤员意识的时间不能超过5秒钟,以免延误急救时机。

(2) 大动脉(颈总动脉)博动是否存在。检查伤员颈总动脉搏动情况,用食指及中指找到伤员颈部中央位置喉咙处,沿着一侧下滑1.5～2厘米处,微压来感觉伤员是否有脉搏。

(3) 看、听、感觉有无呼吸。看伤员胸廊有无起伏,以耳朵贴近伤员口鼻,听有无呼吸声,以脸颊感觉有无出气。

一般凭以上三点即可判断呼吸心跳是否停止,如停止应立即开始复苏。

2. 心肺复苏方法

(1) 调整伤员体位,使伤员平躺于硬地上。保持呼吸道通畅,具体方法见“呼吸道通气”。

(2) 口对口人工呼吸

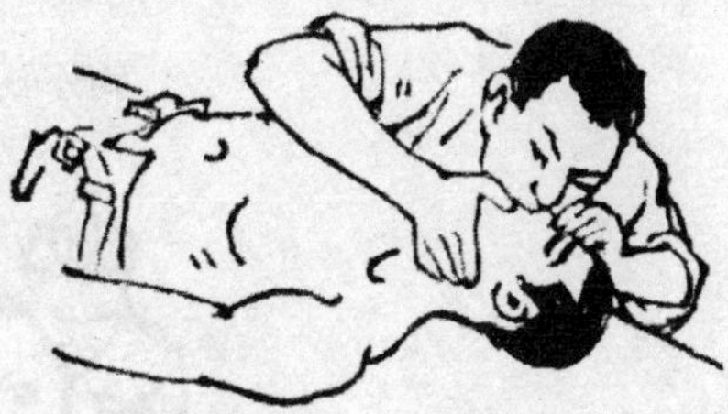

口对口人工呼吸

将伤员头部后仰,施救者一手将伤员的下颌向上向后托起,另一手压住其前额,同时以拇指和食指捏闭伤员鼻孔,平静呼吸,用嘴对准伤员的口唇,确保良好的密封性,平稳地对伤员口内吹气,观察胸廊鼓起。保持伤员头部后仰和下颏上抬,离开伤员口唇,观察气体呼出时胸廓回落,持续以5秒一次的频率给予通气。这种通气复苏法,简单易行,效果确实,世界各地普遍采用。

(3) 胸外心脏按压

施救者跪在伤员一侧,将一手掌根部放在伤员胸部中段,将另一只手掌根部覆盖在之前手上,两臂伸直,保持压力垂直作用于伤员胸部,每次按压幅度不少于4～5厘米,每分钟100次。每次按

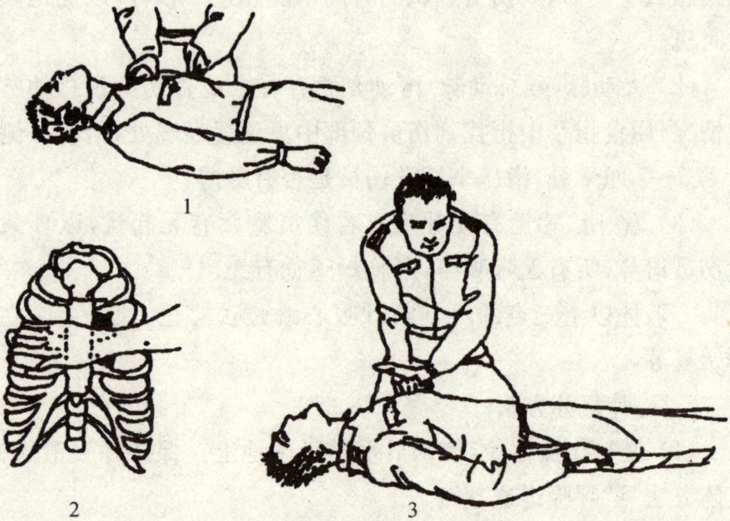

胸外心脏按压

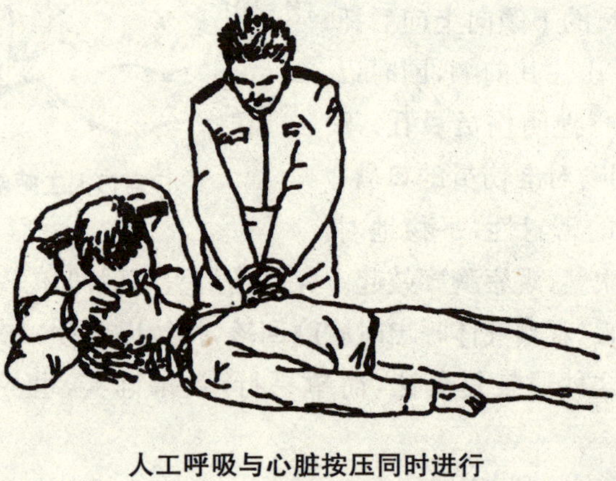

人工呼吸与心脏按压同时进行

压后，放松时保持手不离开伤员胸部，按压和放松的时间相等。

儿童胸部按压幅度应接近胸部深度的 1/3。对于小于 1 岁的婴儿，使用 2 个手指按压；大于 1 岁的儿童，使用一只或两只手，尽可能达到所需的按压幅度。

如果施救者有 2 人以上时，人工呼吸和胸外心脏按压可同时进行，也可每隔 1～2 分钟人员交换进行心肺复苏，以防止疲劳。如果施救者只有 1 人，以胸外按压和通气 30∶2 的比率进行复苏，即持续 30 次胸外按压后紧接着行 2 次人工呼吸。只有当伤病员开始恢复并清醒过来，才能停下来重新检查，否则不要停止复苏。

自然灾害篇

我们的地球看上去很温和，但它的内部却充斥着炽热的熔岩，海水里蕴藏了无穷的力量，海洋表面也不断酝酿着强烈的风暴。当这些看不见的威力突然爆发时，灾祸就发生了：大地抖动，山脉喷火，像房子那么高的海浪排山倒海地袭来，风暴肆虐，强降雨带来的洪水，等等。

自然灾害是地理环境演化过程中的异常事件，却成为阻碍人类社会发展的最重要的自然因素之一。我国是世界上遭受自然灾害最为严重的国家之一，自然灾害呈现以下几个主要特点：

一、灾害种类多。我国常见的自然灾害种类繁多，除现代火山活动外，几乎所有自然灾害都在中国出现过，主要包括台风、海啸、龙卷风、雪灾、雷击等气象灾害，地震、滑坡、泥石流等地质灾害，以及洪水灾害和森林火灾。

二、分布地域广。中国各省（自治区、直辖市）均不同程度受到自然灾害影响，70%以上的城市、50%以上的人口分布在气象、地震、地质、海洋等自然灾害严重的地区。三分之二以上的国土面积受到洪涝灾害威胁。各省（自治区、直辖市）均发生过 5 级以上的破坏性地震。约占国土面积 69%的山地、高原区域因地质构造复杂，滑坡、泥石流、山体崩塌等地质灾害频繁发生。

三、发生频率高。中国受季风气候影响十分强烈，气象灾害频繁，东部沿海地区平均每年约有 7 个热带气旋登陆。中国位于欧亚、太平洋及印度洋三大板块交汇地带，新构造运动活跃，地震活动十分频繁，大陆地震占全球陆地破坏性地震的三分之一，是世界上大陆地震最多的国家。森林和草原火灾时有发生。

四、造成损失重。1990～2008 年 19 年间，平均每年因各类自然灾害造成约 3 亿人次受灾，倒塌房屋 300 多万间，紧急转移安置人口 900 多万人次，直接经济损失 2 000 多亿元人民币。

在全球气候变化的背景下，极端天气气候事件发生的几率进一步加大。降水分布不均衡、气温异常变化等因素导致的洪涝、低温雨雪冰冻、森林草原火灾等灾害可能增多，出现超强台风、强台风以及风暴潮等灾害的可能性加大；局部强降雨引发的山洪、滑坡和泥石流等地质灾害可能增多，随着地壳运动的变化，地震灾害的风险也有所增加。

第二章　台　风

我国拥有 1 900 公里的海岸线，是世界上台风影响最严重的国家之一。在我国，台风灾害主要出现在 5～10 月，集中出现在 7～9 月，尤以 8 月份最为严重。影响我国沿海的台风每年约有 20 个，平均每年登陆 6～7 个。台风登陆后，不仅对沿海地区的经济和人民群众生命财产安全构成严重威胁，而且有的台风还会深入内陆引发暴雨洪水和风暴潮，带来巨大灾害。

第一节　概　　述

一、台风的定义

台风是发生在西北太平洋和南海一带热带海洋上的猛烈风暴，由许多弱小的热带涡旋发展而成，因此气象学上称之为"热带气旋"。当热带气旋中心附近风力 6～7 级时称为热带低压，风力 8～9 级的称为热带风暴，风力 10～11 级的称为强热带风暴，风力 12 级及 12 级以上的称为台风。由以上定义不难看出，热带气旋是热带低压、热带风暴、强热带风暴和台风的总称。此外台风量级中，12～13 级的风力称为台风，14～15 级的风力称为强台风，16 级或以上的称为超强台风。

我国把进入东经 150 度以西、北纬 10 度以北、近中心最大风力大于 8 级的热带气旋按每年出现的先后顺序编号，这就是我们从广播、电视里听到或看到的“今年第×号台风（热带风暴、强热带风暴）”。

二、台风的特点

台风发生的规律及其特点主要有以下几点：

一是有季节性。台风（包括热带风暴）一般发生在夏秋之间，最早发生在五月初，最迟发生在十一月。

二是台风中心登陆地点难准确预报。台风的风向时有变化，常出人预料，台风中心登陆地点往往与预报相左。

三是台风具有旋转性。其登陆时的风向一般先北后南。

四是损毁性严重。对不坚固的建筑物、架空的各种线路、树木、海上船只、海上网箱养鱼、海边农作物等破坏性很大。

五是强台风发生常伴有大暴雨、大海潮、大海啸。

六是强台风发生时，人力不可抗拒，易造成人员伤亡。

三、台风的危害

台风是一种破坏力很强的灾害性天气，其危害主要表现在三个方面：

（一）大风。台风中心附近最大风力一般为 8 级以上。

（二）暴雨。台风是最强的暴雨天气系统之一，在台风经过的地区，一般能产生 150～300 毫米降雨，少数台风能产生 1 000 毫米以上的特大暴雨。1975 年第 3 号台风在淮河上游产生的特大暴雨，创造了中国大陆地区最大的暴雨，使淮河发生了特大洪水。

（三）风暴潮。一般台风能使沿岸海水产生增水，江苏省沿海最大增水可达3米。“9608”和“9711”号台风增水，使江苏省沿江沿海出现超历史的高潮位。

台风过境时常常带来狂风暴雨天气，引起海面巨浪，严重威胁航海安全。登陆后，可摧毁庄稼、各种建筑设施等，造成人民生命、财产的巨大损失。

四、台风的监测与预报

（一）台风的监测

对台风的探测主要是利用气象卫星。在卫星云图上，能清晰地看见台风的存在和大小。利用气象卫星资料，可以确定台风中心的位置，估计台风强度，监测台风移动方向和速度，以及狂风暴雨出现的地区等，对防止和减轻台风灾害起着关键作用。

台风的卫星云图

（二）台风的预报

气象部门根据台风的强度、登陆时间和影响程度，分别以消息、警报和紧急警报的形式发出台风信息。通过电视，广播等媒体通知公众，让沿海渔船及时回港避风，同时为各级政府提供决策依据，发布台风预报或警报是减轻台风灾害的重要措施。

1. 消息：热带气旋远离或尚未影响到预报责任区，但预计其可能影响本责任区时发布消息。

2. 警报：预计热带气旋在未来 48 小时内将影响本责任区内的沿海地区或登陆时发布警报。

3. 紧急警报：预计热带气旋在未来 24 小时内将影响本责任区内的沿海区或登陆时发布紧急警报。

第二节　台风的应对

一、台风的预警

台风预警信号分四个等级，分别以蓝色、黄色、橙色、红色表示。人们要根据预警信号的等级及时采取预防措施。

（一）蓝色预警

预计未来 48 小时将有热带风暴（中心附近最大平均风速 8～9 级）登陆或影响我国沿海。此时，政府及相关部门按照职责做好防台风准备工作；停止露天集体活动和高空等户外危险作业；相关水域水上作业和过往船舶及养殖渔排采取积极的应对措施，注意最新的台风预报，做好撤离准备，采取回港避风或者绕道航行等措施；加固门窗、围板、棚架、广告牌等易被风吹动的搭建物，切断危险的室外电源。

（二）黄色预警

预计未来48小时将有强热带风暴（中心附近最大平均风速10～11级）登陆或影响我国沿海。此时，政府及相关部门按照职责做好防台风应急准备工作；停止室内外大型集会和高空等户外危险作业；相关水域水上作业和过往船舶采取积极的应对措施，加固港口设施，防止船舶走锚、搁浅和碰撞；渔排上人员应安全转移；加固或者拆除易被风吹动的搭建物，人员切勿随意外出，确保老人小孩留在家中最安全的地方，危房人员及时转移。

（三）橙色预警

预计未来48小时将有台风（中心附近最大平均风速12～13级）登陆或影响我国沿海。此时，政府及相关部门按照职责做好防台风抢险应急工作；停止室内外大型集会、停课、停业（除特殊行业外）；相关水域水上作业和过往船舶应当回港避风，加固港口设施，防止船舶走锚、搁浅和碰撞；加固或者拆除易被风吹动的搭建物，人员应当尽可能待在防风安全的地方，当台风中心经过时风力会减小或者静止一段时间，切记强风将会突然吹袭，应当继续留在安全处避风，危房人员及时转移；相关地区应当注意防范强降水可能引发的山洪、地质灾害。

（四）红色预警

预计未来48小时将有强台风（中心附近最大平均风速14～15级）、超强台风（中心附近最大平均风速16级及以上）登陆或影响我国沿海。此时，政府及相关部门按照职责做好防台风应急和抢险工作；停止集会、停课、停业（除特殊行业外）；回港避风的船舶要视情况采取积极措施，妥善安排人员留守或者转移到安全地带；加固或者拆除易被风吹动的搭建物，人员应当待在防风安全的地方，当台风中心经过时风力会减小或者静止一段时间，切记强风将会突然吹袭，应当继续留在安全处避风，危房人员及时转移；相关地区应当注意防范强降水可能引发的山洪、地质灾害。

二、台风天气个人防护注意事项

防御台风不光是政府的责任，居民自己更应提高自我防范意识，及时了解台风防御常识，保护好自身与家人的安全，避免人身伤害，减少财产损失。

1. 警惕台风动向，注意收听收看有关台风的最新动态，气象台发出台风警报后，要根据预警等级做好相应的准备工作。

2. 台风来的时候应该关紧门窗防雨，搬移窗台或阳台上的花盆以防砸落等。

3. 气象台发出台风警报后，不要到台风经过的地区旅游或到海滩游泳，更不要驾船出海。

4. 住在大厦里的居民，应关好窗户，收掉阳台上的东西（花盆、晒衣架等），加固室外易被吹动的物体。

5. 台风袭来时，切勿靠近窗户，以免被强风吹破的窗玻璃碎片弄伤。

6. 清理排水管道、保持排水畅通。

7. 台风天气会令路面出现积水、地滑，这些都会影响开车或者骑车，引发意外事故。所以司机开车一定要放慢速度，骑车的朋友在恶劣天气下最好选择步行或乘坐公交车。

8. 台风来临的时候，容易发生一些大型广告牌掉落、树木被刮倒、电线杆倒地的事情，台风来时最好尽量避免外出。

9. 如发现高压线铁塔倾倒、电线低垂或断折，千万不要接近，更不要用手去触摸，因为这极易引发触电事故。

10. 出海船舶要及时回港、固锚，船上的人员必须上岸避风。

11. 强风刚过的短时间内可能风小雨停，但大家不要急于到室外工作活动，应继续留在家中，确认台风已过后再出门。

第三节　近年国内台风灾害案例

一、百年一遇超强台风“桑美”重创闽浙

2006年第8号超强台风“桑美”于8月10日17时25分在浙江省苍南县马站镇登陆。受其影响，浙江温州、台州、丽水和福建宁德等地遭受狂风暴雨袭击，温州市苍南县昌禅站24小时降雨量达到576毫米。苍南、平阳、泰顺和宁德福安城区严重积水，断水断电，交通、通讯等基础设施毁损严重。10日下午，“桑美”台风正面袭击福建福鼎沙埕镇，在天然避风良港——沙埕港避风的1万多艘渔船遭受重创，1千多艘渔船毁损，400多艘船只沉没。据统计，浙江、福建、江西3省共有665.5万人受灾，因灾死亡483人，紧急转移安置180.1万人；农作物受灾面积289.8千公顷，其中绝收面积36.2千公顷；倒塌房屋13.7万间，损坏房屋52.2万间；因灾直接经济损失196.5亿元。

二、强热带风暴“碧利斯”横扫南方六省

2006年7月14日12时50分，2006年第4号强热带风暴“碧利斯”在福建省霞浦县北壁镇登陆，登陆时近中心最大风力11级。受“碧利斯”和西南暖湿气流的影响，我国南方普遍遭受强降雨袭击，引发严重的洪涝、滑坡和泥石流灾害，造成浙江、福建、江西、湖南、广东、广西6省(自治区)的3 194万人不同程度受灾，因灾死亡843人，紧急转移安置336.9万人；农作物受灾面积1 337.4千公顷，绝收263.0千公顷；倒塌房屋39.1万间，损坏房屋47.1万间；因灾直接经济损失348.2亿元。受“碧利斯”影响，京珠高速公

路耒宜段多处出现塌方、滑移，水毁严重；京广线南段中断3日，影响旅客列车达88列；广东韶关市区进水，数十条街道被淹，部分居民区断水断电长达50多个小时。

三、台风“莫拉克”

2009年8月7日23时45分，台风“莫拉克”在我国台湾地区花莲市沿海登陆，登陆时中心附近最大风力为13级(40米/秒)。8月9日下午4时，“莫拉克”中心再次在福建省霞浦县沿海登陆，登陆时中心附近最大风力为12级(33米/秒)。此次台风具有以下特点：一是强度强。“莫拉克”过程最大强度为13级(40米/秒)，达到台风级别。二是范围大。“莫拉克”过程的最大7级风圈半径达500公里，南起巴士海峡，北到长江口区的广大海域和沿

受“莫拉克”台风影响，台湾南部屏东县佳彤变成一片汪洋。救援人员开着搜救艇前往救援被困群众。

海，出现 8～12 级阵风和 12～14 级大风，台湾和福建、浙江两省沿海出现暴雨到特大暴雨，其中台湾嘉义奋起湖三天累计降水达 2 570 毫米，浙江泰顺九峰三天雨量也超过 1 000 毫米；三是移速变化大。“莫拉克”从生成到抵达台湾近海移速 15 公里/小时左右，然后在台湾东部近海停留了 12 小时后才登陆花莲，“莫拉克”登陆台湾后 9 小时横穿台湾中部，又在台湾海峡滞留了 31 小时后才登陆福建。其在台湾东部近海和台湾海峡滞留时间之长为历史少有。台风“莫拉克”造成福建、浙江、安徽、江西、江苏 5 省 1 447.04 万人受灾，死亡 8 人，失踪 2 人，紧急转移安置 151.65 万人；农作物受灾面积 773.04 千公顷，绝收面积 61.34 千公顷；倒塌房屋 2 万间；因灾直接经济损失 127.5 亿元。

四、台风“凡亚比”

2010 年第 11 号台风“凡亚比”9 月 16 日上午 11 时加强为强热带风暴，23 时加强为台风，17 日 18 时加强成为强台风，18 日 16 时，加强为当年首个超强台风。超强台风于 19 日 8 时在台湾地区花莲县丰滨乡登陆，横穿台湾后于 20 日 7 时在福建省漳浦县沿海再次登陆，登陆时最大风力 12 级(35 米/秒)，中心最低气压为 970 百帕。21 日 2 时在广东省广州境内减弱为热带低压，5 时中央气象台停止编号。“凡亚比”具有范围小、路径曲折、强度发展快和强度强等四个特点。“凡亚比”造成福建、广东、广西 3 省(自治区)21 个市 83 个县(市、区)受灾，受灾人口 222.49 万人，因灾死亡 129 人，失踪 6 人，紧急转移安置 33.4 万人；农作物受灾面积 98.96 千公顷，绝收 3.78 千公顷；倒塌房屋 1.64 万间，损坏 3.15 万间；因灾直接经济损失 60.9 亿元。

第三章 海 啸

海啸是一种频发的自然灾害。历史上的特大海啸都是由海底地震引起的。世界上经常受到海啸威胁和危害的主要有日本、菲律宾、智利、夏威夷等少数国家和地区。如东南亚地区2004年12月26日发生的特大地震引发海啸，在印尼、孟加拉国、斯里兰卡、泰国、印度、马来西亚等国家造成重大人员伤亡。2011年3月11日日本发生强烈地震，并在该国东北太平洋沿岸引发巨大海啸，数千人丧生。

我国地震海啸很少，历史上仅发生过一次地震海啸，即1867年台湾基隆发生7级地震引发的海啸，造成船只沉没，房屋倒塌，死亡数百人。

第一节 概 述

一、什么是海啸

海啸就是由海底地震、火山爆发、海底滑坡或气象变化产生的破坏性海浪。海啸的波速高达每小时700～800千米，在几小时内就能横过大洋；波长可达数百公里，可以传播几千公里而能量损失很小;在茫茫的大洋里波高不足一米,但当到达海岸浅水地带时,波长减短而波高急剧增高,可达数十米,形成含有巨大能量的“水墙”。海啸主要受海底地形、海岸线几何形状及波浪特性等的控制,呼啸的海浪水墙每隔数分钟或数十分钟就重复一次,摧毁堤岸,淹没陆地,夺走生命财产,破坏力极大。

海啸吞噬陆地

二、海啸的起因

海啸通常由震源在海底下 50 千米以内、震级里氏 6.5 以上的海底地震引起。水下地震、火山爆发或水下塌陷和滑坡等大地活动都可能引起海啸。在一次震动之后,震荡波在海面上以不断扩大的圆圈,传播到很远的距离,正像卵石掉进浅池里产生的波一样。海啸波长比海洋的最大深度还要大,轨道运动在海底附近也没受多大阻滞，不管海洋深度如何，波都可以传播过去。

三、海啸的特点

海啸传播到海岸时，一般有两种表现形式：

第一种是滨海、岛屿或海湾的海水出现反常退潮或河流没水现象，然后海水又突然席卷而来，冲向陆地。

第二种是海水陡涨，突然形成几十米高的水墙，伴随隆隆巨响向滨海陆地涌来，然后海水又骤然退去。

四、海啸的危害

剧烈震动之后不久，巨浪呼啸，以催枯拉朽之势，越过海岸线，越过田野，迅猛地袭击着岸边的城市和村庄，瞬时人们都消失在巨浪中。港口所有设施，被震塌的建筑物，在狂涛的洗劫下，被席卷一空。海啸过后海滩上一片狼藉，到处是残木破板和人畜尸体。

海啸过后，满目疮痍

第二节 海啸的应对

地震海啸给人类带来的灾难是十分巨大的。目前，人类对海啸这类突如其来的灾变，只能通过预测、观察来预防或减少它们所造成的损失，但还不能控制它们的发生。

一、海啸来临的预兆

地震是海啸最明显的前兆。如果你感觉到较强的震动，不要靠近海边、江河的入海口。如果听到有关附近地震的报告，要作好防海啸的准备，注意电视和广播新闻。由于地震纵波的传播速度约为 6～7 千米/秒，比海啸的传播速度要快 20～30 倍，所以在远处，地震波要比海啸早到达数十分钟乃至数小时，具体数值取决于震中距和地震波与海啸的传播速度。这个时间差就为那些了解相关知识的人留下了逃生的时间。

1. 海水会突然下沉，并引起水流向下沉的方向流动，从而出现快速的退潮。

2. 海滩出现大量深海鱼类。由于深海环境和水面有巨大差别，深海鱼类绝不会自己游到海面，只可能被海啸等异常海洋活动的巨大暗流卷上浅海。因此，深海鱼类出现在海面上，是海啸等海洋异常活动的预报。

3. 海面出现异常的海浪。海啸的排浪与通常的涨潮不同，海啸到来前的排浪非常整齐，浪头很高，像一堵墙一样。

4. 动物有异常行为。动物比人类更敏感，因此它们能够比人类先感觉到变化。

二、海啸来了如何逃生

1. 充分利用地震波与海啸到达的时间差，做好相关预防和撤离准备。准备一个急救包，里面有足够 72 小时用的药物、饮用水和其他必需品。

2. 海啸前海水异常退去时往往会把鱼虾等许多海生动物留在浅滩，场面蔚为壮观。此时千万不要前去捡鱼或看热闹，应当迅速离开海岸，向内陆地势较高处转移。

3. 海啸登陆时海水往往明显升高或降低。如果发现潮汐突然反常涨落，海平面显著下降或者有巨浪袭来，都应以最快速度撤离岸边。

4. 海上船只听到海啸预警后应该避免返回港湾，海啸在海港中造成的落差和湍流非常危险。如果有足够时间，船主应该在海啸到来前把船开到开阔海面。如果没有时间开出海港，所有人都要撤离停泊在海港里的船只。

三、海啸中的自救和互救

1. 如果在海啸时不幸落水，要尽量抓住木板等漂浮物，同时注意避免与其他硬物碰撞。

2. 在水中不要举手，也不要乱挣扎，尽量减少动作，浮在水面随波漂流即可。这样既可以避免下沉，又能够减少体能的无谓消耗。

3. 如果海水温度偏低，不要脱衣服。

4. 尽量不要游泳，以防体内热量过快散失。

5. 不要喝海水。海水不仅不能解渴，反而会让人出现幻觉，导致精神失常甚至死亡。

6. 尽可能向其他落水者靠拢，既便于相互帮助和鼓励，又因为目标扩大更容易被救援人员发现。

7. 人在海水中长时间浸泡，热量散失会造成体温下降。溺水者被救上岸后，最好能放在温水里恢复体温，没有条件时也应尽量裹上被子、毛毯、大衣等保温。注意不要采取局部加温或按摩的办法，更不能给落水者饮酒，饮酒只能使热量散失更快。给落水者适当喝一些糖水有好处，可以补充体内的水分和能量。

8. 如果落水者受伤，应采取止血、包扎、固定等急救措施，重伤员则要及时送医院救治。

9. 及时清除落水者鼻腔、口腔和腹内的吸入物。具体方法是：将落水者的肚子放在你的大腿上，从后背按压，将海水等吸入物倒出。如心跳、呼吸停止，则应立即交替进行口对口人工呼吸和胸外心脏按压。

第三节　近年全球重大海啸灾难

2004 年 12 月 26 日，印度尼西亚苏门答腊岛附近海域发生的 8.9 级强烈地震引发的海啸，波及印度洋沿岸 10 多个国家。海啸激起的海浪最高超过 30 米，造成约 23 万人死亡或失踪。这是人类历史上自有海啸记录以来最为严重的一次海啸灾难。

2006 年 7 月 17 日，印尼爪哇岛西南海域发生里氏 6.8 级地震，并引发沿岸部分地区海啸，造成 668 人死亡，至少 1 438 人受伤，287 人失踪，约 7.4 万人无家可归。

2007 年 1 月 13 日，千岛群岛附近太平洋西北海域发生里氏 8.3 级地震并引发海啸，造成至少 50 人死亡，数千人失去家园。

2007 年 4 月 2 日，南太平洋岛国所罗门群岛发生里氏 8 级强烈地震，并引发海啸，形成 5 米高的巨浪。地震和海啸造成至少两个村落严重受灾，近 20 人死亡，多人失踪。

2009 年 9 月 29 日，萨摩亚群岛附近海域发生里氏 8 级地震并引发海啸，造成至少 184 人死亡。

2010 年 1 月 4 日，所罗门群岛连续发生里氏 6.5 级和里氏 7.2 级地震以及多次余震，引发海啸，部分海域浪高 2.5 米，造成大约 1 000 人无家可归。

2010 年 2 月 27 日，智利首都圣地亚哥西南 320 公里的马乌莱附近海域发生里氏 8.8 级地震，并引发海啸，造成至少 500 人死亡，数千人失踪，81 444 所房屋被彻底损毁，受直接影响的灾民达 37.1 人。

2010 年 10 月 25 日，印尼西苏门答腊岛明打威群岛附近海域发生里氏 7.2 级地震。5 分钟后引发海啸，袭击爪哇南部沿海一带。海啸造成 509 人死亡，约 1.14 万难民在海啸中失去家园。

2011 年 3 月 11 日当地时间 14 时 46 分（北京时间 13 时 46 分），日本发生里氏 9 级地震并在日本东北太平洋沿岸引发巨大海啸。10 米高海啸吞噬陆地，对近千公里日本海岸线特别是沿岸平原地区产生毁灭性的破坏，公共设施、房屋、汽车等都遭到不同程度毁损，55 380 栋房屋和建筑被冲毁，近万人被海啸冲走，无数人无家可归。此次地震和海啸造成直接经济损失 15 万亿～25 万亿日元（约合 1 850 亿至 3 090 亿美元）。

第四章　龙卷风

由于冷热空气分布不均匀，使大气十分不稳定，从而产生强烈的对流形成强对流天气。强对流天气的表现形式有龙卷风、冰雹、雷暴、大暴雨、雷雨、大风等。龙卷风是强对流天气中最厉害的一种。世界上许多地区都有龙卷风发生，美国因地理和气候原因，发生龙卷风最多，平均每年约有 800 次以上，素有“龙卷王国”之称。我国也是受龙卷风灾害影响较严重的国家，据现有资料统计，我国每年发生 50～80 次，损失也很惊人。

第一节　概　　述

一、什么是龙卷风

龙卷风是一种强烈的、小范围的空气涡旋，往往是在极不稳定的天气条件状况下由空气强烈对流运动而产生的，其中心附近风速可达每秒 300 米，比台风近中心最大风速大好几倍，破坏性极强。

当有龙卷出现时，总有一条直径从几十米到几百米的漏斗状

陆龙卷

云柱从对流云云底盘旋而下，有的能伸达地面，在地面引起灾害性的风称为陆龙卷；有的未及地面或未在地面产生灾害性风的被称为空中漏斗；有的伸达水面，被称为水龙卷。

二、龙卷风的形成

龙卷风是云层中雷暴的产物。龙卷风就是雷暴巨大能量中的一小部分在很小的区域内集中释放的一种形式。龙卷风的形成可以分为四个阶段：

1. 大气的不稳定性产生强烈的上升气流，由于急流中的最大过境气流的影响，它被进一步加强。

2. 由于与在垂直方向上速度和方向均有切变的风相互作用，上升气流在对流层的中部开始旋转，形成中尺度气旋。

水龙卷

3. 随着中尺度气旋向地面发展和向上伸展，它本身变细并增强。同时，一个小面积的增强辅合，即初生的龙卷在气旋内部形成，产生气旋的同样过程，形成龙卷核心。

4. 龙卷核心中的旋转与气旋中的不同，它的强度足以使龙卷一直伸展到地面。当发展的涡旋到达地面高度时，地面气压急剧下降，地面风速急剧上升，形成龙卷。

三、龙卷风的特点

龙卷风多发生于春、夏、秋三季的下午到傍晚时分，其特点是：

龙卷风的形成

1. 移动路径多呈直线，袭击范围较小，直径一般在十几米到数百米之间。

2. 移动速度较快，一般为 40～50 千米/小时，最快可达 100 千米/小时。移动距离一般为几千米，少数也可达数千米。

3. 持续时间较短，往往只有几分钟到几十分钟，最长不超过几小时。风暴一过，地面伤痕累累，头顶却已是万里晴空。

4. 出现的随机性大，因此很难预报。

5. 有强弱之分，弱的仅能卷起衣服和草堆，强的则能拔树掀房，摧毁车辆、桥梁，也能把人、畜吸走。

四、龙卷风的危害

龙卷的袭击突然而猛烈，产生的风是地面上最强的。它对建筑的破坏是毁灭性的。在强烈龙卷风的袭击下，房子屋顶会像滑翔翼般飞起来。一旦屋顶被卷走后，房子的其他部分也会跟着崩解。龙卷风的破坏力极强，龙卷风经过的地方，常会发生拔起大树、掀翻车辆、摧毁建筑物等现象，有时能把人吸走，危害十分严重。

1956年9月24日，上海曾出现过一次龙卷风，竟然把一个三四层楼高的110吨的储油罐举到15米的空中，然后把它甩到120多米以外的地方。1995年在美国俄克拉何马州阿得莫尔市发生的一场龙卷风，诸如屋顶之类的重物被吹出几十英里之远，较轻的碎片飞到300多千米外才落地。2010年10月26日仅一天，美国5个州刮了13场龙卷风，造成十几万所房屋断电，数个州的数百架次航班取消。

第二节　龙卷风的应对

龙卷风属于小尺度天气系统变化，发生时间短，仪器监测和开展预测存在一定的困难。如何才能最大可能地规避、减少龙卷风造成的伤害呢?

一、注意观察龙卷风发生的前兆

（一）观云。龙卷风产生前，常常先出现龙卷云，一旦看到天空出现强烈的、连续旋转的滚轴状乌云，云底有漏斗云伸下来，就一定要引起重视。这时，龙卷风移动的速度不大，还来得及躲避，应及时采取防避措施。

（二）察地。龙卷风来临前，在云层下的地面上，有旋转的尘土和碎片，掉落在地面上的电线附近，有明亮的、蓝绿色的火花。

（三）听声。龙卷风来临时，常先有一种类似纺纱陀螺或机车发出的沉闷呼啸声由远而近，通常在40千米外就能听到，其移动速度达50～60千米/小时。

（四）感知。龙卷风生成前人们会有一种闷热、憋气的感觉。

龙卷风来临时天昏地暗，白天也如黑夜，多伴有冰雹、暴雨、雷电，同时还有巨大的轰鸣声，给人一种恐惧感。

二、逃生方法

遇到龙卷风很危险，一定要积极想办法躲避，千万不要惊慌失措。躲避龙卷风最安全的地方是混凝土建筑的地下室或半地下室。在电线杆或房屋已倒塌的紧急情况下，应尽可能切断电源，以防触电或引起火灾。如在野外遇上龙卷风，应在与龙卷风路径相反或垂直的低洼地躲避。具体做法如下：

（一）室内防护方法

1. 有地下室的房屋：务必远离门、窗和外围墙壁，立刻进入地下室，躲在坚实的桌子下，并保护好自己的头部。千万不要躲在附近有重物的地方，以免龙卷风破坏房屋结构，重物倒塌压埋在身上。

2. 没有地下室的房屋：要关紧面朝龙卷风刮来方向的所有门窗，而另一侧的门窗则要全部打开，这样可以防止龙卷风刮进屋内掀起屋顶，引起房屋爆炸。应尽量往低层走，尤其不能呆在楼顶上。另外，相对来说进入小房间和密室要比大房间安全，如厕所、低层过道等。脸朝下，双手护住头部，尽可能地蹲伏于地板上，同时用厚实的床垫或毯子罩在身上，以防被掉落的东西砸伤。

3. 高层房屋：立即进入楼房中心，封闭的、无窗的区域。尽可能避开窗户。内部楼梯过道是最好的避难所。因为在紧急情况下，它们也是进入楼房其他地方的通道。一定要避开电梯，因为一旦停电，将可能被困在电梯内。

（二）室外防护方法

1. 在野外遭遇龙卷风时，应以最快的速度朝与龙卷风前进路线垂直的方向逃离。来不及逃离的，要迅速找一个低洼地趴下，正确的姿势是：脸朝下，闭上嘴巴和眼睛，用双手、双臂保护住头部。一定要远离大树、电线杆、简易房等，以免被砸、被压或触电。

2. 汽车外出遇到龙卷风时，千万不能开车躲避，也不要在汽车中躲避，因为汽车对龙卷风几乎没有防御能力，应立即离开汽车，到低洼地躲避。

第三节　近年龙卷风灾难案例

一、国外龙卷风案例

（一）龙卷风首次袭击阿拉伯沿岸

2007 年 6 月 5 日，龙卷风“古努”横扫阿曼穆斯卡特，共造成 49 人死亡和 27 人失踪。“古努”龙卷风的风速达到了每小时 92 英里（约合每小时 148 公里），这是在阿拉伯海沿岸地区首次记录的龙卷风，它导致两万多人受灾。

（二）美国龙卷风灾难频发

2008 年 1～10 月，美国东部和南部频繁遭龙卷风袭击，造成 123 人死亡，成为 1953 年有确切记录以来造成伤亡情况最严重的 10 个龙卷风年之一。

2011 年美国的龙卷风生成数量及破坏力更是创纪录。4 月全美共生成 600 个龙卷风。4 月 8～9 日，近 10 个龙卷风裹挟着冰雹吹袭爱荷华州。4 月 10 日，14 个龙卷风吹袭了威斯康星州。4 月 14～16 日，美国南方数个州共接到 240 多个龙卷风报告。龙卷风一直推进至东海岸附近的北卡罗来纳州，此次龙卷风过程共造成 45 人死亡，仅北卡一州就有 24 人死亡。4 月 19～20 日，从美国中部大平原直至西南地区的16个州共报告了1 000起灾害性天气，其中包括51个龙卷风。4月22日，数个龙卷风吹袭圣路易斯市及其周边地区，其中风力最强的达4级。4月27～29日，多个龙卷风裹挟着暴雨、冰雹和强风吹袭了美国南部的得克萨斯州直至东海岸的纽约州的一大片区域。本次龙卷风灾害损失最严重的地区是阿拉巴马州，先后发生了137次龙卷风。最终，此次灾害共造成350人死亡以及十亿美元的财产损失。这也是自1925年以来破坏最为严重的龙卷风灾害。

美国南方尚未从风灾中喘过气来，一场新的龙卷风又开始摧残美国中西部地区。2011年5月22日，数十个龙卷风袭击了美国中西部的密苏里州、明尼苏达州。龙卷风所经之处，大树被拦腰截断或连根拔起、房屋夷为平地、拖车被吹下公路，一片狼藉。密苏里州小镇乔普林是此次受灾最为严重的地方，风灾造成至少139人遇难，成为美国1950年官方记录龙卷风灾情以来致死人数

美国密苏里州乔普林市发生龙卷风之后

最多的单起龙卷风灾难，创下近 60 年来最惨痛纪录。

二、国内龙卷风案例

受台风“圣帕”外围影响，2007 年 8 月 18 日 23 时 30 分左右，一股长达 8 公里、宽 800 米的强龙卷风，呈带状穿过温州市苍南县龙港镇二河村、章良村、方中村、徐家庄村、希贤村、郭宕村，造成 11 人死亡、60 余人受伤和 160 多间房屋倒塌。

2009 年 4 月 13 日下午，海南文昌市公坡镇白秋村发生龙卷风，损坏房屋 20 间；4 月 18 日凌晨，海口市演丰镇北港上田村被龙卷风袭击，损坏房屋 25 间；6 月 23 日 4 时，海口市美兰区三江镇朝新村出现龙卷风天气，香蕉损失 42 亩，20 棵树被大风吹倒，学校大饭堂屋顶瓦片被掀，1 人受伤；同日 5 时，海口市云龙云阁村委会丰宁经济社出现龙卷风天气，造成 60 亩香蕉被毁。

2011 年 4 月 17 日中午，广州佛山市南海区九江镇遭到冰雹及龙卷风突袭，造成 3 人死亡，40 人受伤；80 余处电力设施受损，10 多处通讯设施损毁；100 余间民居损坏，超 10 万平方米的厂房遭掀顶；树木折断约 1 400 棵，28 条村道部分路段交通受阻；受风灾直接或间接影响的农区约 10 000 亩；风灾整体经济损失预计达 7 000 万元。

第五章　雪　灾

我国雪灾常发生在北方，这些地方纬度高，海拔也高，气候寒冷。雪灾发生的时段，冬雪一般始于10月，春雪一般终于4月，危害较重的，一般是秋末冬初形成的所谓“坐冬雪”。在我国内蒙古、新疆、青海、西藏，几乎每年秋冬春季都有不同程度的雪灾发生。我国雪灾的特点主要是范围广、强度大、积雪深、持续时间长、灾情重，加之大雪过后，又常伴大风和强降温，最低温度可降到－30～－40℃。雪灾对牲畜越冬影响最大，草场被大雪覆盖，牲畜出牧困难，导致牲畜大批死亡。雪灾还可造成道路交通堵塞，供电供热中断，甚至威胁人的生命安全。

第一节　概　　述

一、什么是雪灾

雪灾，主要指冰雪造成的自然灾害，又称“白灾”，它是指在特定气象条件下，聚积在高纬度地区的强冷空气迅速南下入侵，造成大范围的剧烈降温而引发强降雪，长时间大量降雪造成大范围积雪成灾的自然现象。雪灾属于慢性灾害，持续期较长。一场大的雪灾，有时可持续几个月。

二、雪灾的分类

根据我国雪灾的形成条件、分布范围和表现形式，雪灾分为雪崩、风吹雪（风雪流）灾害和牧区雪灾三种类型。

（一）雪崩。指由于积雪堆积过厚，大量积雪从高处突然崩塌下落，造成房倒屋塌和人员伤亡的现象。雪崩通常发生在山地，一般在雪聚积较多的时候产生，有时也在特大暴雪中产生。

雪崩

（二）风吹雪灾害。指降雪时或降雪后，风力达到一定强度时吹扬雪粒，形成风雪流，被风雪流搬运的雪在风速减弱的地方堆积起来，形成吹集雪而产生的灾害。吹集雪易阻塞交通，影响车辆通行，在坡度陡于30度的山坡上，还容易形成雪崩。

（三）牧区雪灾。指依靠天然草场放牧的畜牧业地区，由于降雪量过大和积雪过厚，积雪长时间掩埋牧场，影响家畜放牧采食，造成家畜大量死亡的现象。我国牧区雪灾主要发生在内蒙古、新疆、青海、西藏四大牧区。

在雪地里觅食的羊群

三、雪灾的危害

雪灾主要是由于持续大量降雪，并长期堆积而形成的。它不仅对农业、工业、畜牧业、交通、通讯等造成损害，还会给人民群众的生命造成严重威胁。雪灾的直接危害包括围困、冻（饿）死人员和牲畜，以及阻断交通、压垮房屋、冻坏农作物、毁坏树木等。如1983年4月25日～30日，受寒潮影响，我国有22个城市出现新中国成立以来范围最大、危害最严重的雪灾，全国400多万公顷农田受灾，倒塌房屋400多间，死亡1 500人、大牲畜13万多头，直接经济损失达数十亿元。间接危害主要有因雪灾引发的雪崩、冰湖溃决、冰川异常运动、凌汛等次生灾害。如 1970 年 5 月秘鲁一次雪崩，引发冰川泥石流，导致容加依城灭顶，死亡 2.3 万人。西藏冰湖崩溃曾淹没亚东、江孜等县城。黑龙江、黄河和松花江等河流下游，每年都因上游冰雪堆积出现凌汛。

第二节 雪灾的应对

一、暴雪预警信号

暴雪预警信号分四级，分别以蓝色、黄色、橙色、红色表示。

(一) 蓝色预警信号

1. 标准：预计未来 24 小时 2 个及以上省(区、市)大部地区将出现 5 毫米以上降雪，且有成片超过 10 毫米的降雪。

2. 防御指南：

(1) 政府及有关部门按照职责做好防雪灾和防冻害准备工作。

(2) 交通、铁路、电力、通信等部门应当进行道路、铁路、线路巡查维护，做好道路清扫和积雪融化工作。

(3) 行人注意防寒防滑，驾驶人员小心驾驶，车辆应当采取防滑措施。

(4) 农牧区和种养殖业要储备饲料，做好防雪灾和防冻害准备。

(5) 加固棚架等易被雪压的临时搭建物。

(二) 黄色预警信号

1. 标准：过去 24 小时 2 个及以上省(区、市)大部地区出现 5 毫米以上降雪，预计未来 24 小时上述地区仍将出现 5 毫米以上降雪；或者预计未来 24 小时 2 个及以上省（区、市）大部地区将出现 10 毫米以上降雪。

2. 防御指南：

（1）政府及相关部门按照职责落实防雪灾和防冻害措施。

（2）交通、铁路、电力、通信等部门应当加强道路、铁路、线路巡查维护，做好道路清扫和积雪融化工作。

（3）行人注意防寒防滑，驾驶人员小心驾驶，车辆应当采取防滑措施。

（4）农牧区和种养殖业要备足饲料，做好防雪灾和防冻害准备。

（5）加固棚架等易被雪压的临时搭建物。

（三）橙色预警信号

1. 标准：过去 24 小时 2 个及以上省（区、市）大部地区出现 10 毫米以上降雪，预计未来 24 小时上述地区仍将出现 5 毫米以上降雪；或者预计未来 24 小时 2 个及以上省（区、市）大部地区将出现 15 毫米以上降雪。

2. 防御指南：

（1）政府及相关部门按照职责做好防雪灾和防冻害的应急工作。

（2）交通、铁路、电力、通信等部门应当加强道路、铁路、线路巡查维护，做好道路清扫和积雪融化工作。

（3）减少不必要的户外活动。

（4）加固棚架等易被雪压的临时搭建物，将户外牲畜赶入棚圈喂养。

（四）红色预警信号

1. 标准：过去 24 小时 2 个及以上省（区、市）大部地区出现 25 毫米以上降雪，预计未来 24 小时上述地区仍将出现 10 毫米以上降雪。

2. 防御指南：

(1) 政府及相关部门按照职责做好防雪灾和防冻害的应急和抢险工作。

(2) 必要时停课、停业(除特殊行业外)。

(3) 必要时飞机暂停起降,火车暂停运行,高速公路暂时封闭。

(4) 做好牧区等救灾救济工作。

二、个人防护

(一) 城市中遇到雪灾的个人应对

1. 密切关注气象部门关于暴雪的最新预报、预警信息。

2. 尽量待在室内,不要外出。

3. 如果在室外,要远离广告牌、临时搭建物和老树,避免砸伤。路过桥下、屋檐等处时,要小心观察或绕道通过,以免因冰凌融化脱落伤人。

4. 非机动车应给轮胎少量放气,以增加轮胎与路面的摩擦力。

5. 要听从交通民警指挥,服从交通疏导安排。

6. 注意收听交通信息,避免因机场、高速公路、轮渡码头等停航或封闭而耽误出行。

7. 驾驶汽车时要慢速行驶并与前车保持距离。车辆拐弯前要提前减速,避免踩急刹车。安装防滑链,佩戴有色眼镜。

8. 出现交通事故后,应在现场后方设置明显标志,以防连环撞车事故发生。

9. 如果发生断电事故,要及时报告电力部门迅速处理。

(二) 农牧区防雪灾

1. 根据预警,提前做好防寒保暖准备,储备足够的食物和水。

2. 要备好粮草，将野外牲畜赶到圈里喂养。

3. 对农作物要采取防冻措施，防止作物受冻害。

4. 暴雪来时，不要待在不结实、不安全的建筑物内。

（三）遇到雪崩如何避险

1. 出行时避免雪崩危险期内进入雪崩危险区。在降雪、大雾、暖风时以及其后两天内是雪崩发生的危险期，不宜选择在这段时间出行。

2. 受到雪崩冲击时，应尽力固定身体使自己不被卷走，如果不能固定，则尽量使自己保持在雪面上。如被卷走，应尽力活动双臂作游泳状，活动头部，避免胸部受雪压过大而窒息，保持镇静，等待或呼喊求救。

第三节 近年国内雪灾案例

一、2006年北方地区严重低温冷冻和雪灾

2006年9月4～9日，内蒙古地区大部、黑龙江西北部、辽宁局部、河北西北部、山西北部、甘肃中部、青海东部、新疆东北局部相继出现了强降温过程，内蒙古部分地区出现降雪、局部暴雪天气，导致山西、内蒙古、黑龙江、陕西等省（自治区）部分地区遭受低温冷冻灾害，内蒙古锡林郭勒盟、赤峰市局部遭受罕见秋季雪灾。此次低温冷冻、雪灾灾害过程导致河北、山西、内蒙古、黑龙江、陕西等地共638.9万人不同程度受灾，因灾死亡2人；农作物受灾面积2 608.3千公顷，绝收154.3千公顷；因灾直接经济损失29.7亿元。

二、2008年中国南方雪灾

1月10日至2月2日，我国南方大部分地区发生低温雨雪冰冻灾害，降温幅度之大多年少有、降水之多历史同期罕见、持续时间之长多年未遇、灾害损失之重远超常年。经核定，此次灾害造成上海、浙江、江苏、安徽、江西、河南、湖北、湖南、广东、广西、重庆、四川、贵州、云南、陕西、甘肃、青海、宁夏、新疆和新疆生产建设兵团等20个省(区、市)受灾，因灾死亡132人，失踪4人，紧急转移安置166万人；农作物受灾面积11 874.2千公顷，绝收面积1 690.6千公顷；倒塌房屋48.5万间，损坏房屋168.6万间；因灾直接经济损失1 516.5亿元。森林受损面积近2.79亿亩，3万只国家重点保护野生动物在雪灾中冻死或冻伤。其中湖南、贵州、江西、安徽、湖北、广西、四川、云南等7个省份受灾最为严重。

暴风雪造成多处铁路、公路、民航交通中断。由于正逢春运期间，大量旅客滞留站场港埠。另外，电力受损、煤炭运输受阻，不少

2008年雪灾时的京珠高速

地区用电中断，电信、通讯、供水、取暖均受到不同程度影响，某些重灾区甚至面临断粮危险。而融雪流入海中，对海洋生态亦造成浩劫。台湾海峡即传出大量鱼群暴毙事件。

三、2009年我国16个省区遭受暴雪袭击

2009年11月份，我国部分地区接连遭受2次罕见暴雪天气过程。第一次天气过程出现在11月9～14日，强冷空气主要影响西北、华北、东北地区。第二次天气过程出现在11月15～20日，长江中下游部分地区出现降雪天气过程。两次暴雪天气过程覆盖面广，部分地区降雪量和积雪深度突破历史同期极值，达到60年一遇，局部地区达百年一遇，强降雪造成多条高速公路出现阻塞，部分车辆人员滞留，灾区生产生活秩序受到严重影响。两次暴雪天气过程共造成北京、河北、山西、内蒙古、辽宁、吉林、黑龙江、安徽、福建、山东、河南、湖北、四川、陕西、新疆、宁夏16省（自治区、直辖市）1 764.9万人受灾，因灾死亡33人，紧急转移安置6.8万人；农作物受灾面积671.4千公顷，绝收面积46.6千公顷；倒塌房屋3.3万间；因灾直接经济损失110.7亿元。其中，河北、山西、河南、安徽、湖北5省损失较为严重。

四、新疆北部雪灾

2009年12月20日至2010年2月上旬，新疆北部大部分地区连续遭遇寒潮暴雪天气袭击，特别是阿勒泰、塔城、伊犁等地区遭遇60年一遇暴雪。与常年同期相比，新疆北部降水偏多1至2倍，阿勒泰东部山区超过常年平均4倍。降雪造成北疆北部大部分地区积雪厚度在60厘米以上，其中阿勒泰更达94厘米；新疆北疆各县（市）最低温度普遍达到零下30℃以下，青河县最低气温达到零下43.8℃，极值屡破历史记录。强降水和极端低温导致新疆

北部部分地区发生低温冷冻和雪灾，群众生产生活受到严重影响。一是降雪之后大雪封山，对受灾地区的畜牧业造成重大损失。二是部分地区气温异常回升，出现雨夹雪的强降水天气，致使积雪快速融化，发生融雪性洪水，洪水冲毁砂石路面、农田，给群众生活造成一定影响。年初的低温冷冻和雪灾共造成新疆维吾尔自治区364.5万人(次)受灾，因灾死亡33人，失踪2人，紧急转移安置43.8万人；农作物受灾面积58.3千公顷，绝收面积24.9千公顷；倒塌房屋12.2万间，损坏房屋18.3万间；直接经济损失31.5亿元。

第六章 雷 电

雷电灾害是“联合国国际减灾十年”公布的最严重的十种自然灾害之一。全球每年因雷击造成人员伤亡、财产损失不计其数。据不完全统计，我国每年因雷电造成的人员伤亡达 3 000～4 000 人，财产损失在 50 亿元到 100 亿元人民币。随着现代电子技术的高速发展，以大规模集成电路为核心组件的先进电子设备被广泛应用于各个领域，雷击事件和雷电灾害损失逐年上升。

第一节 概 述

一、什么是雷击

雷电是大气中的一种放电现象。雷雨云在形成过程中，一部分积聚起正电荷，另一部分积聚起负电荷，当这些电荷积聚到一定程度时，就产生放电现象。放电有的发生在云层和云层之间，有的则发生在云层和大地之间，这两种放电现象俗称打雷。打雷造成的危害又叫雷击。放电时产生的强光就是闪电。雷击就是打雷时电流通过人、畜、树木、建筑物等而造成杀伤或破坏。雷电全年都会发生，而强雷电多发生于春夏之交和夏季。

雷　电

二、雷击的类型

通常雷击有三种主要形式：

1. 直击雷。指带电的云层与大地上某一点之间发生迅猛的放电现象。直击雷可产生电效应、热效应和机械力，造成地面建筑物、其他物体和人畜毁坏和伤亡。

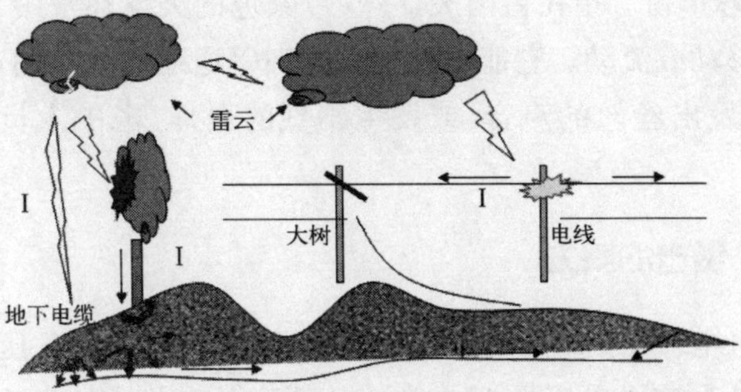

直击雷破坏示意图

2. 感应雷。也称“二次雷”，是指当直击雷击中地面目标后，通过雷击目标旁边的金属物等导电体，产生静电效应和电磁感应，对用电设备设施产生干扰和破坏。

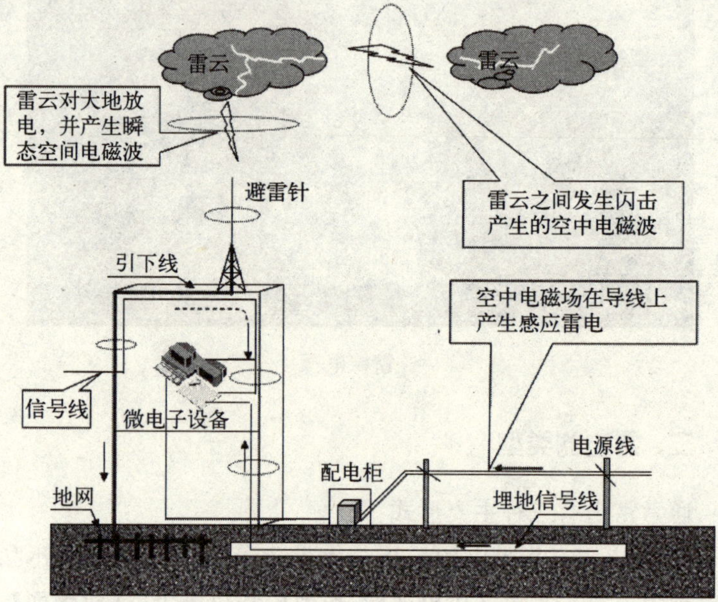

感应雷破坏示意图

3. 球形雷。指在雷雨天，一些带颜色的火球在空中、地面水平方向移动或流动。它能从门、窗、烟囱等通道侵入室内，或无声消失，或发出丝丝的声音，或发生剧烈的爆炸，击中人员或击毁物品。

三、雷击的威力

雷电电流平均约为 20 000 安(甚至更大)，雷电电压大约是 10^{10} 伏(人体安全电压为 36 伏)，一次雷电的时候大约为千分之一秒，平均一次雷电发出的功率达 200 亿千瓦(一般电饭锅的功率低于 1 000 瓦)。我国建造的世界上最大的水力发电站——三峡水电站，电站的装机总容量为 1 820 万千瓦，只有一次雷电功率的千分之一。

四、雷击的危害

我国雷电灾害发生频繁，每年发生的雷电灾害近万次，直接经济损失巨大。在雷电造成的灾害中，直击雷引起的占 20%，由感应雷引起的占 80%。

(一) 雷击造成人身伤亡

雷电可直接击中人，或由于人在雷击点地面附近，两脚之间产生巨大的电位差，被“跨步电压”击中，造成伤亡。

(二) 雷击造成建筑物损坏

直击雷易击中并造成无防雷措施且高出周围地势的高大建筑、烟囱、高塔、无线电天线，以及电线杆、孤立树木、户外巨型广告牌等设施损毁；球形雷可进入室内，击毁室内物品。

(三) 雷击造成电子信息系统破坏

感应雷可使雷击中心 1.5～2 千米范围内都可能产生瞬间过电压，通过电源、天线、信号收发设备的线路，侵入室内通讯、计算机网络、家用电器等设备，击毁设备或元器件，造成传输及储存的信号、数据受干扰或丢失、传输中断、网络破坏、系统瘫痪。

(四) 雷击造成火灾

由于闪电的电流极高，在其经过的地方，空气剧烈地加热，当雷电击中木材、干草、燃油、火药等易燃物品时，会引起建筑物、森林火灾及电气设备爆炸起火等。

第二节 雷击的应对

一、个人防范技巧

(一) 室内如何避雷

1. 雷电天气时,要及时关好门窗,防止雷电直击或防止球形雷飘进室内。

2. 最好把家用电器的电源切断,并拔掉电源插头;不要使用带有外接天线的收音机和电视机;不要接打固定电话和手机,也不要用电话上网。

3. 不要接触天线、煤气管道、铁丝网、金属窗、建筑物外墙等;远离带电设备;不要赤脚站在泥地或水泥地上。

4. 保持室内干燥,房屋漏水应尽快修理好。

5. 不要将晒衣服、被褥用的铁丝接到窗外、门口,以防铁丝引雷。

6. 不要在雷电交加的时候用喷头洗澡。

(二) 户外如何避雷

人在户外碰到雷电天气,为防止被雷击,应遵循以下原则:

1. 立即寻找避雷场所,可选择装有避雷针、钢架或钢筋混凝土的建筑物,但是注意不要靠近防雷装置的任何部分。

2. 若找不到合适的避雷场所,可以蹲下,两脚并拢,双手抱膝,尽量降低身体重心,减少人体与地面的接触面积。如能立即披上不透水的雨衣,防雷效果更好。

3. 不要待在露天游泳池、开阔的水域或小船上;不要停留在树林的边缘;不要待在电线杆、旗杆、干草堆、帐篷等没有防雷装置的物体附近；不要停留在铁轨、水管、煤气管、电力设备、拖拉机、摩托车等外露的金属物体旁；不要靠近孤立的大树或烟囱（山顶孤立的大树边尤其危险）；不要躲进空旷地带孤零零的棚屋、岗亭里。

4. 随身携带的金属物品应放在5米外的地方，不要在旷野中打伞或高举羽毛球拍、高尔夫球杆、锄头等；应立即停止打高尔夫球、踢足球、攀登、钓鱼、游泳等户外活动。

5. 雷暴天气出门要穿胶鞋，这样可以起到绝缘作用；要避免开摩托车、骑自行车出行，更不能开摩托车、骑自行车在雷雨中狂奔；人在汽车内一般不会遭到雷电袭击，因为封闭的金属导体有很好的防雷功能，要注意关好车门车窗，不要将头和手伸出窗外。

6. 多人一起在野外时，应相互拉开几米距离，不要挤在一起。

7. 高压电线遭雷击落地时，旁边的人要保持高度警觉，当心地面"跨步电压"的电击。逃离的正确方法是：双脚并拢，跳着离开危险地带。

8. 身处空旷地带最好关闭手机。

二、雷击后急救

1. 受雷击而烧伤或严重休克的人，他的身体是不带电的，抢救时不要有顾虑。应该迅速扑灭伤者身上的火，实施紧急抢救。

2. 若伤者失去知觉，但仍有呼吸和心跳，则有可能自行恢复。应让伤者舒展平卧，安静休息后再送医院治疗。

3. 若伤者已经停止呼吸和心跳，应迅速果断地交替进行口对口人工呼吸和胸外心脏按压，并及时送往医院抢救。

第三节　近年发生的雷击案例

一、江西抗洪雷击事件

2010 年 7 月 20 日下午，江西省星子县苏家垱乡寺下湖圩出现了滑坡险情，星子县组织人民解放军、公安民警和当地干部群众 200 余人全力进行抢险固堤。下午 4 时左右，当地突降雷阵雨，雷电异常激烈，指挥部指示抢险人员紧急转移。因雷电来得突然，且坝长面窄，人员较多，最后转移的队伍中有 18 人被雷击中，其中 2 人经抢救无效死亡，16 人受伤。

二、风景区频发雷击事件

2011 年 7 月 23 日中午 1 时 40 分左右，位于安徽省安庆市潜山县的天柱山风景区突然电闪雷鸣、大雨滂沱，正在海拔 1 300 米以上的主峰景区游玩的游客匆忙四散避雨。来自重庆邮电大学的 20 岁大学生郭静恒不幸在一块巨石旁被雷电击中，在一个山洞中避雨的 22 岁大学生王安东被一记从石缝中落下的响雷击中，两人及另一名上海中年游客均不治身亡。雷击还造成 9 人重伤，另有 1 人失忆。

无独有偶，2011 年 7 月 25 日，在福建省安溪县芦田镇紫云山风景区又发生了一起雷击事件。当天中午，3 名华侨大学的学生相约到景区游玩，因不认识到主峰的路，由热心的保安小吴带路。当时天上已有乌云，虽然还没下雨，但不时有闪电出现。中午 1 点多，当 4 人爬到海拔 1 300 多米的主峰时，22 岁的保安小吴被雷电击中，不幸当场身亡。现场鉴定的法医说，可能是小吴随身携带的对讲机发出的电波引来了雷电。

2011 年 11 月 05 日 11 时 20 分左右，贵州省铜仁梵净山风景名胜区金顶发生雷击事件，导致 34 人受伤，其中 12 人重伤。5 日当天，梵净山共发生雷电闪击 10 次，伤人的是球形闪电，强度最大为 259 千安。通过统计近 5 年来闪电监测数据，全年发生 259 千安以上的雷电流概率为千分之四，秋冬季节发生 259 千安以上的雷电流极为罕见，概率仅为万分之二。

三、其他雷击事件

2006 年 7 月 15 日，广东省惠州市东江发电厂 1 号重油罐因雷击引发火灾事故，造成油罐掀顶爆炸起火，烧毁 5 000 吨 180 号重油油罐一座，直接经济损失约 780 万元人民币。

2007 年 5 月 23 日，重庆市开县兴业镇小学遭受雷击，共造成 7 人死亡，39 人受伤。

2008 年 6 月 23 日，浙江省淳安县文昌镇丰茂村附近的杨梅岛，一艘正在靠岸的船只被雷电击中，造成人员 3 死 4 伤。

2009 年 6 月 4 日，广东省顺德高黎社区一住宅工地，8 名工人在临时搭建的工棚内避雨时，突遭雷击，当场致 4 人死亡、1 人重伤、1 人轻伤。

2010 年 4 月 13 日凌晨，黄浦江畔电闪雷鸣，上海地标之一的东方明珠塔顶发生火灾。起火原因是由于强雷击中塔顶发射天线，引起天线外罩燃烧。

第七章　洪水灾害

我国地域辽阔，江河众多，地貌复杂，而且又处于东亚季风区，暴雨频发，所以各种类型的洪水灾害频繁发生。我国有文字记载的第一页就是劳动人民与洪水斗争的光辉画卷——大禹治水。时至今日，洪水灾害仍是我国国民经济和社会可持续发展的心腹之患。

第一节　概　述

一、什么是洪水灾害

洪水灾害简称洪灾，是指一个流域内因集中大暴雨或长时间降雨，汇入河道的径流量超过其泻洪能力而漫溢两岸或造成堤坝决口导致泛滥的灾害。洪灾致使农田受淹，村庄被冲，房屋倒塌，财产受损，甚至造成人员伤亡。

二、洪灾的类型

洪灾可以分为河流洪水、湖泊洪水和风暴洪水三种。其中河

洪水扑面而来

流洪水依照成因不同，可分为暴雨洪水、山洪、融雪洪水、冰凌洪水和溃坝洪水等类型。影响最大、最常见的洪灾是河流洪水，对地区发展损害最大。山区溪沟中发生洪水暴涨形成山洪，水流中挟带泥沙甚至石块等，并且常诱发泥石流和滑坡，破坏力极大。

三、洪灾的形成原因

洪灾的形成原因分为自然因素和人为因素两大类。

自然因素主要包括自然地理环境、天气气候和水系特征、降雨等，不受人类控制，而大气环流的异常是洪涝形成的直接原因。

人为因素是人类的社会经济活动造成生态破坏，如破坏森林植被、引发水土流失，围湖造田、降低蓄洪能力，侵占江河水道、影响洪水通行等，从而加剧了洪灾的危害。

四、洪灾的特点

从洪灾的发生机制看，洪灾具有明显的季节性、区域性和可重复性。长江流域 6、7 月间易发生洪水；四川盆地各水系和汉江洪水期持续较长，一般为7至10月份；淮河、黄河、海河和辽河流域的洪水期多为7月至8月；松花江流域的洪水则为8月至9月。

同时，洪灾还具有很大的破坏性和普遍性。洪水灾害不仅对社会有害，甚至能够严重危害相邻流域，造成水系变迁。并且，在山区、滨海、河流入海口、河流中下游以及冰川周边地区等均有可能发生洪水灾害。

此外，洪灾具有可防御性。人类不可能彻底根治洪水灾害，但通过各种努力，可以尽可能地减少灾害影响。

第二节　洪水的应对

一、洪水来临前的准备

（一）择机安全转移

根据当地电视、广播等媒体提供的洪水信息，结合自身所处的位置和条件，冷静地选择最佳路线撤离，避免出现“人未走水先到”的被动局面。认清路标，明确撤离的路线和目的地，避免因为惊慌而走错路。

（二）自我保护措施

1. 备足速食食品或蒸煮足够食用几天的食品，准备充足的饮用水和日用品。

2. 扎制木排、竹排，搜集木盆、木材、大件泡沫塑料等适合漂浮的材料，加工成救生装置以备急需。

3. 将不便携带的贵重物品作防水捆扎后埋入地下或放到高处，票款、首饰等小件贵重物品可缝在衣服内随身携带。

4. 保存好尚能使用的通讯设备。

二、洪水到来时的自救

1. 洪水到来时，来不及转移的人员，要就近迅速向山坡、高地、楼房、避洪台等地转移，或者立即爬上屋顶、楼房高层、大树、高墙等高的地方暂避。

2. 如洪水继续上涨，暂避的地方已难自保，则要充分利用准备好的救生器材逃生，或者迅速找一些门板、桌椅、木床、大块的泡沫塑料等能漂浮的材料扎成救生筏逃生。

3. 被洪水围困人员，如果没有足够的安全措施不要轻易采取转移行动，要设法尽快与当地政府防汛部门取得联系，报告自己的方位和险情，积极寻求救援。

4. 千万不要游泳逃生，不可攀爬带电的电线杆、铁塔，也不要爬到泥坯房的屋顶。

5. 如已被卷入洪水中，一定要尽可能抓住固定的或能漂浮的东西，寻找机会逃生。

6. 发现高压线铁塔倾斜或者电线断头下垂时，一定要迅速远避，防止直接触电或因地面“跨步电压”触电。

7. 洪水过后，要做好各项卫生防疫工作，预防疫病的流行。

三、遭遇突发山洪怎么办

1. 一定要保持冷静，迅速判断周边环境，尽快向山上或较高地方转移；如一时躲避不了，应选择一个相对安全的地方避洪。

2. 山洪暴发时，不要沿着行洪道方向跑，而要向两侧快速躲避。

3. 山洪暴发时，千万不要轻易涉水过河。

4. 被山洪困在山中，应及时与当地政府防汛部门取得联系，寻求救援。

第三节　近年国内洪水灾害案例

一、2006 年南方九省严重暴雨洪涝

2006 年 5 月 25 日至 6 月 19 日，浙江、福建、江西、湖南、广东、广西、重庆、四川、贵州等 9 省（自治区、直辖市）持续遭受严重洪涝灾害，49 个地市、266 个县（市、区）3 137 万人受灾，因灾死亡 225 人，紧急转移安置 167 万人；农作物受灾面积 1 196.6 千公顷；倒塌房屋 30.3 万间；因灾直接经济损失 168.1 亿元。其中 6 月 12～13 日，黔西南州望谟县遭受特大洪涝灾害，因灾死亡 54 人。此次灾害过程中，福建、湖南、江西、广东、广西、贵州等省（自治区）灾情较为严重。持续暴雨洪涝灾害对社会经济造成较大影响：6 月 8 日 10 时 50 分，江西境内京九铁路南线关西镇至龙南间上下行线一度中断；福建省遭受暴雨袭击后，建瓯市由于城区被淹，交通受阻，导致该市 4 681 名考生不能按时参加高考，这是新中国成立以来规模最大的一次延期高考；南平市建瓯、建阳、顺昌等县（市）城区进水，其中建瓯城区受淹最大水深超过 6 米，受淹范围一度约占城区面积 65%。

二、2007 年淮河流域性大洪水

2007 年 7 月份，淮河流域出现持续性强降水，淮河流域平均降水量达 315 毫米，为 1953 年以来历史同期第四名（少于 1991 年、2003 年和 1954 年同期）。另外，江苏和上海的平均降水量也均为 1951 年以来历史同期次高值。淮河流域发生新中国成立以来仅次于 1954 年的流域性大洪水，安徽、江苏、河南三省受灾严

重，共有 32 地（市）、193 县（市、区）3 208.6 万人受灾，因灾死亡 39 人，紧急转移安置 144.1 万人；农作物受灾面积 3 196.7 千公顷，其中绝收面积 711.7 千公顷；倒塌房屋 13.3 万间，损坏房屋 29.4 万间，因灾直接经济损失达 195.9 亿元。

三、华南、中南地区严重洪涝灾害

2008 年 6 月上中旬，华南、中南地区出现大范围持续性降雨过程，降雨导致浙江、江西、湖北、湖南、广东、广西、贵州、云南等 8 省（自治区、直辖市）遭受严重洪涝灾害，其中江西、湖南、广东、广西、贵州受灾较重，针对广西、广东、江西、湖南四省灾情，国家减灾委、民政部启动了三级应急响应。此次大范围洪涝过程共造成 2 997.9 万人受灾，因灾死亡 87 人，失踪 10 人，紧急安置转移 254 万人；农作物受灾 1 429.9 千公顷，绝收 207.2 千公顷；倒塌房屋 12.4 万间，损坏房屋 36 万间；直接经济损失 236 亿元。

洪水造成沪昆高速江西段垮塌

四、2010年长江中下游地区暴雨洪涝

2010年5～7月，长江中下游地区共出现14次强降雨天气过程。频繁的强降雨过程造成长江中下游地区多处出现超警戒水位。据统计，长江中下游地区暴雨洪涝过程造成江苏、浙江、安徽、江西、湖北、湖南6省受灾，受灾人口1亿人次，因灾死亡268人，失踪40人，紧急转移安置486.4万人次；农作物受灾面积6 766.1千公顷，绝收1 114.5千公顷；倒塌房屋46.7万间，损坏108.8万间；因灾直接经济损失1 287.2亿元。

第八章　地　震

我国地处欧亚地震带和环太平洋地震带两大地震带之间，是一个地震活动频度高、强度大、震源浅、分布广的国家。浙江、贵州、四川、甘肃、宁夏、河北等省都曾发生过较大的地震。仅大陆地区，20 世纪平均每年发生 5 级以上地震 3 000 多次，6 级以上地震 792 次，7 级以上地震 117 次，8 级以上地震 9 次。20 世纪全球两次造成死亡 20 万以上的大地震都发生在我国，一次是 1920 年宁夏海原 8.5 级大地震，死亡 23.4 万人；另一次是 1976 年唐山大地震，死亡 24.2 万人。2008 年，四川省阿坝州汶川县发生 8 级强烈地震，69 227 人遇难，374 643 人受伤，失踪 17 923 人，造成了严重的生命和财产损失。

第一节　概　　述

一、什么是地震

地震又称地动、地振动，是地壳快速释放能量过程中造成振动，期间会产生地震波的一种自然现象。大地振动是地震最直观、最普遍的表现。强烈的地震，会直接和间接造成破坏成为灾害。地震通常可分为构造地震、火山地震、陷落地震、诱发地震和人工地震五种类型。全球 90％的地震及所有造成重大灾害的强烈地震都属于构造地震。

二、构造地震的成因

构造地震也称“断层地震”，是因地壳板块或断块之间发生碰撞和错动形成的。地壳内部物质不停运动，产生一股作用于岩层的巨大能量，当这股能量积累到一定程度时，一些岩层就会弯曲、变形，继而在某些脆弱地带发生急剧的破裂、错动，瞬间释放出巨大能量。这些能量以地震波的形式向四面传播，地震就发生了。

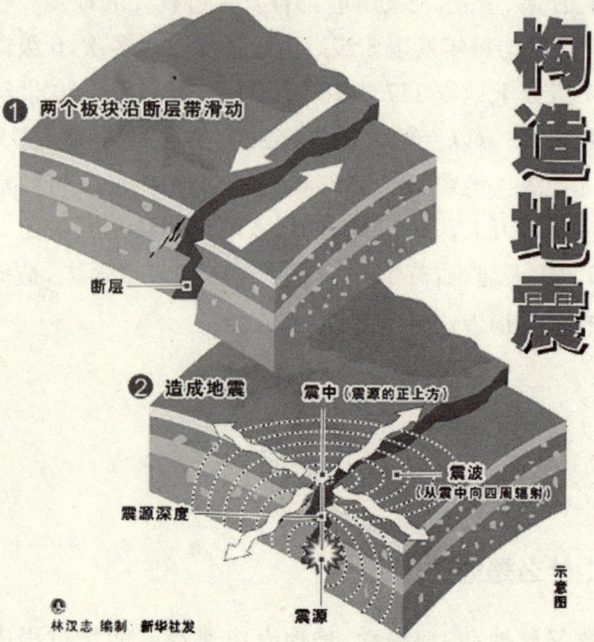

构造地震形成示意图

三、我国地震活动的分布

我国的地震活动主要分布在5个地区的23条地震带上。这5个地区是：台湾及附近海域；西南地区，主要是西藏、四川西部和云南中西部；西北地区，主要在甘肃河西走廊、青海、宁夏、天山南北麓；华北地区，主要在太行山两侧、汾渭河谷、阴山-燕山一带、山东中部和渤海湾；东南沿海的广东、福建等地。我国的台湾省位于环太平洋地震带上，西藏、新疆、云南、四川、青海等省区位于喜马拉雅-地中海地震带上，其他省区处于相关的地震带上。

23条地震带分别是：郯城枣庐江带；燕山带；山西带；渭河平原带；银川带；六盘山带；滇东带；西藏察隅带；西藏中部带；东南沿

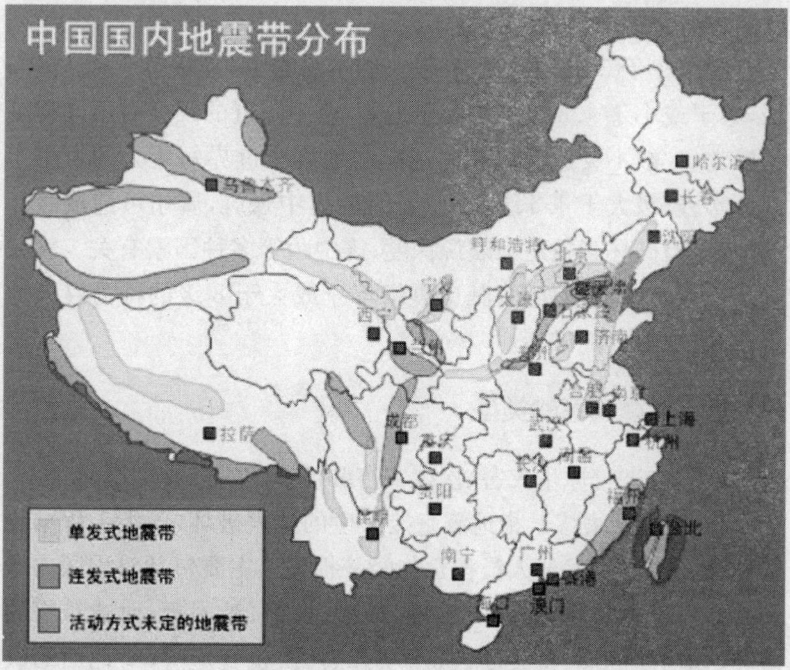

我国地震带分布示意图

海带；河北平原带；河西走廊带；天水枣澜沧带；台湾西部带；台湾东部带；滇西带；塔里木南缘带；南天山带；北天山带。地震带的分布是制定我国地震重点监视防御区的重要依据。

四、地震的等级

地震震级是根据地震时释放的能量的大小而定的。一次地震释放的能量越多，地震级别就越大。目前人类有记录的震级最大的地震是 1960 年 5 月 21 日智利发生的 9.5 级地震，所释放的能量相当于一颗 1 800 万吨炸药量的氢弹，或者相当于一个 100 万千瓦的发电厂 40 年的发电量。2008 年 5 月 12 日发生的汶川地震所释放的能量大约相当于 90 万吨炸药量的氢弹，或 100 万千瓦的发电厂 2 年的发电量。

震级小于 3 级为弱震，一般人们不易察觉；震级等于或大于 3 级，等于或小于 4.5 级的为有感地震，震中附近的人会有不同程度的感觉，一般不会造成破坏。这样的地震全世界每年大约发生十几万次；震级大于 4.5 级，小于 6 级的为中强震，属于可造成破坏的地震，但破坏轻重还与震源深度、震中距等多种因素有关。震级等于或大于 6 级为强震，其中震级等于或大于 8 级的称为巨大地震，会造成很大的破坏。

五、地震灾害的类型

地震灾害分原生灾害、次生灾害和诱发灾害三种类型。

（一）原生灾害。指地震直接产生的地表破坏、各类工程结构的破坏及由此引发的人员伤亡与经济损失。主要包括对震区内居民生命安全的破坏，如人员被埋、被砸、被撞、被困等；对建筑物的破坏，如房屋倒塌、桥梁断裂、水坝开裂、铁轨变形等；对地面的破坏，如地面裂缝、塌陷，喷水冒砂等。

（二）次生灾害。指由地震破坏间接引发的火灾、水灾、毒气泄漏扩散、爆炸、放射性污染、海啸、滑坡、泥石流等。有时次生灾害造成的损失比原生灾害还要大，其中火灾最常见也最严重。

（三）诱发灾害。指地震引起的各种社会性灾害，如瘟疫、饥荒、社会动乱、人的心理创伤等。

第二节　地震的应对

一、地震的前兆

地震是有前兆的。一些较大地震发生之前，未来震中及其外围地区会出现各类平时未曾出现过的与地震活动有关的自然现象，称之为地震前兆或地震异常。

（一）地下水异常

由于地下岩层受到挤压或拉伸，使地下水位上升或下降；或者使地壳内部气体和某些物质随水溢出，而使地下水冒泡、发浑、变味等。地下水异常主要有不合规律的流量增减、水温突变、发浑发响、变色变味、冒泡、漂油花等。

（二）动物异常

一般较强地震发生之前，约有近百种动物会有不同程度的异常反应，主要有：牛羊骡马不进圈，老鼠搬家往外逃；鸡飞上树猪拱圈，鸭不下水狗狂叫；蜜蜂群鸟迁家忙，大猫叼着小猫跑；冬天蛇蛙早出洞，鸽子惊飞不回巢；兔子竖耳蹦又撞，鱼儿惊慌水面跳。

（三）地光和地声

地光和地声是地震前夕或地震时，从地下或地面发出的光亮及声音，是重要的临震预报。一般在震前几分钟至几秒钟出现，表明地震即将发生。

二、地震中如何逃生

从地震发生到房屋倒塌会有十几秒的时间，只要事先掌握一定的避震知识，地震来临时抓住时机，冷静判断，正确选择避震方式和避震空间，就有可能成功脱险。

（一）避震原则

1. 因地制宜，正确选择

震时每个人所处的环境、状况千差万别，避震方式也不可能千篇一律。这些情况包括，是住平房还是住楼房，地震发生在白天还是晚上。房子是不是坚固，室内有没有避震空间，所处的位置离房门远近，室内是否开阔、安全等。所以要因地制宜，选择正确的避震方法。

2. 行动果断，切忌犹豫

避震能否成功，就在千钧一发之际，绝不能瞻前顾后，犹豫不决。震时要冷静判断，果断采取行动，或就近躲避，或紧急外出，切勿往返。

3. 伏而待定，不可疾出

发生地震时，不要急着跑出室外，而应抓紧求生时间寻找合适的避震场所，采取蹲下或坐下的方式，静待地震过去，这样即使房屋倒塌，人也可安然无恙。

（二）具体避震措施

1. 住宅避震：要远离外墙及门窗，可选择厨房、浴室等开间小、不易塌落的地方躲藏。躲藏的具体位置可选择桌子或床下，也可选择坚固的家具旁或紧挨墙根的地方。另外，住楼房的千万不要跳楼。地震过后，为防范余震，应有序、迅速地从安全通道（楼梯）撤出高楼，不要乘坐电梯。

2. 教室避震：在学校上课时遇到地震时，学生应用书包护头躲在课桌下或课桌旁，地震过后由老师指挥有秩序地撤出教室。

3. 公共场所避震：在商场、展厅、地铁等场所发生地震时，应躲在坚固的立柱或墙角下，避开玻璃橱窗、广告灯箱、高大货架、大型吊灯等危险物。地震过后听从工作人员指挥有序撤离。

4. 在工作间：迅速关掉电源和气源，就近躲藏在坚固的机器、设备或办公家具旁。

5. 在体育馆、影剧院：护住头部，蹲、伏到排椅下面。

6. 在车辆中：司机要立即驾车驶离立交桥、高楼下、陡崖边等危险地段，在开阔路面停车避震；乘客不要跳车，地震过后再下车疏散。

7. 开阔地避震：开阔地是地震时最好的去处，但尽量避开拥挤的人流，以免因挤踏而受伤；一家人要集中在一起，照看好老人和儿童，避免走失。

8. 远离高大建筑物：地震时要远离高层建筑、烟囱、高大古树等，特别要避开有玻璃幕墙的建筑物。

9. 躲开危险物：要躲开变压器、电线杆、路灯、高压线、广告牌等高处的危险物；还要躲开危房、危墙、狭窄的弄堂、修有高门脸和女儿墙的房屋、堆放得很高的建筑材料等易坍塌的危险物。

三、地震中的自救与互救

大地震后，在最短时间内展开自救互救，尤其是家庭、邻里间的自救互救，是减少地震伤亡的有效措施之一。

（一）自救要点

1. 被埋压人员要坚定自己的求生意志，消除恐惧心理。能自己离开险境的，应尽快想办法脱离险境。坚定求生意志可创造奇迹。

2. 被埋压人员不能自我脱险时，应设法先将手脚挣脱出来，清除压在自己身上特别是腹部以上的物体，等待救援。可用毛巾、衣服等捂住口、鼻，防止因吸入烟尘而引起窒息。

3. 被埋压人员要头脑清醒，不可大声呼救，尽量减少体力消耗，等待救援。应尽一切可能与外界联系，如用砖石敲击物体，或听到外面有人时再呼救。

4. 被埋压人员应设法支撑可能坠落的重物，确保安全的生存空间，最好向有光线和空气流通的方向移动。若无力脱险，在可活动的空间里设法寻找食物、水或代用品，创造生存条件，耐心等待营救。

（二）互救要点

1. 原则：先救多，后救少；先救近，后救远；先救易，后救难。要注意抢救青壮年和医务工作者，壮大抢险力量。及早展开互救，能最大限度地减少伤亡。

2. 先救困于建筑物废墟边缘、房屋底层或未完全遭到破坏的地下室中的人员。

3. 学校、饭店、医院等人员密集的地方是抢险的重点。

4. 要耐心观察，特别要留心倒塌物堆成的“安全三角区”。

5. 仔细倾听各种呼救的声音，如敲打、呼喊、呻吟等。

6. 要多问，了解倒塌房屋居住者的起居习惯、房屋布局等情况，推测哪里可能有人被埋压。

7. 发现遇险者后，一定要注意以下几点：

（1）挖掘时，要注意保护被埋者周围的支撑物。要使用小型轻便的工具，越接近被困人员越要采用手工小心挖掘。

（2）如一时无法救出，可以先输送流质食物，并做好标记，等待下一步救援。

（3）发现被困者后，首先应帮他露出头部，迅速清除口腔和鼻腔里的灰土，避免窒息，然后再挖掘暴露其胸腹部。如果遇险者因伤不能自行出来，绝不可强拉硬拖。

第三节　近年国内地震灾害案例

一、2006 年云南昭通连续地震

2006 年 7 月 22 日上午 9 时 10 分 22 秒，云南省昭通市盐津、大关县境内（北纬 28.0 度、东经 104.1 度）发生里氏 5.1 级地震，8 月 25 日 13 时 51 分 41 秒，盐津、大关县境内（北纬 28.0 度、东经 104.2 度）再次发生 5.1 级地震。两次地震相隔仅 1 个月左右，给当地造成严重的人员伤亡和经济损失，共造成 24 人因灾死亡，伤病 195 人，紧急转移 12.7 万人；倒塌房屋 3 848 间，损坏 24 751 间；直接经济损失 10.6 亿元。另外，地震还波及到西南主要交通生命线之一的内昆铁路，铁路沿线山体被地震震开，数十吨大石块从山上落下将铁轨砸断，造成内昆铁路盐津段全线中断。

二、2007 年云南普洱 6.4 级地震

2007 年 6 月 3 日 5 时 34 分 56 秒，云南省普洱市宁洱县境内发生里氏 6.4 级强烈地震。这次地震震级高，震源浅，震中位于人口密集地区，造成 9 万多间民房倒塌，27 万间房屋受损，其中重损 12 万间；交通、水利、电力、通讯等基础设施受损严重。

三、四川汶川“5.12”特大地震

2008 年 5 月 12 日 14 时 28 分，四川省汶川县（北纬 31 度、东经 103.4 度）发生里氏 8 级地震，此后地震灾区还发生了上万次余

震，最高震级达 6.4 级。此次地震属浅源地震，是新中国成立以来灾害性最为严重的地震，其伤亡人数仅次于 1976 年唐山 7.8 级地震，经济损失和救灾难度之大为历史罕见。四川、甘肃、陕西、重庆、河南、湖北、云南、贵州、湖南、山西等省(市、区)共有 417 个县、4 667 个乡镇、48 810 个村受灾，受灾人口 4 625.6 万人，紧急转移安置 1 510.6 万人，因灾死亡 69 227 人，失踪 17 923 人，受伤 37.4 万人；倒塌房屋 796.7 万间，损坏房屋 2 454.3 万间，直接经济损失 8 523.09 亿元。

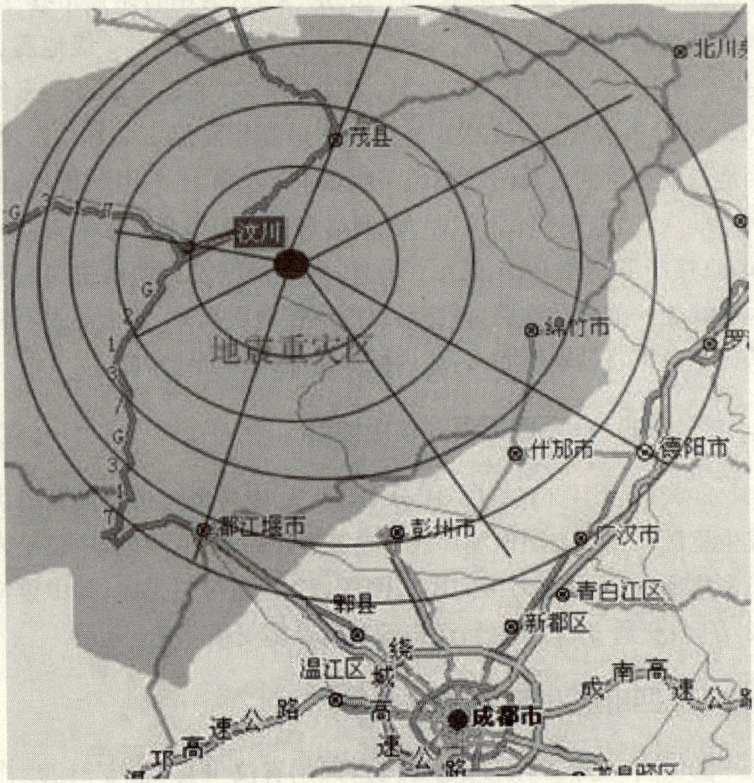

汶川地震震区地图

四、2010年青海玉树地震

2010年4月14日7时49分，青海省玉树藏族自治州玉树县发生里氏7.1级地震，震中位置为北纬33.2度、东经96.6度，位于青海省玉树藏族自治州隆宝镇西北20公里附近海拔4 300余米的山区，距离玉树县城约42公里。震源深度14公里，最高烈度9度。震后发生余震上千次，其中最大的一次为当日9时25分发生的6.3级地震，震源深度30公里。地震共造成青海、四川两省24.7万人受灾，因灾死亡2 698人，失踪270人，倒塌房屋25.3万间，损坏房屋6.3万间，因灾直接经济损失228.5亿元。玉树地震发生在生存环境恶劣、经济相对落后的三江源区，地震造成结古镇等人口相对密集乡镇的大量房屋倒塌和损毁，基础设施破坏严重，是一次灾情严重、应急与救灾难度相当大的灾难。

第九章　泥石流

泥石流是一种广泛分布于世界各国一些具有特殊地形、地貌状况地区的自然灾害。它与一般洪水的区别是洪流中含有足够数量的泥沙石等固体碎屑物，其体积含量最少为15%，最高可达80%左右，因此比洪水更具有破坏力。泥石流灾害在我国山区分布范围很广，分布面积约占国土面积的一半，严重制约了山区社会经济的发展。

第一节　概　　述

一、什么是泥石流

泥石流是指在山区或者其他沟谷深壑，地形险峻的地区，因为暴雨暴雪或其他自然灾害引发的山体滑坡并携带有大量泥沙以及石块的特殊洪流。泥石流具有突然性以及流速快，流量大，物质容量大和破坏力强等特点。发生泥石流常常会冲毁公路铁路等交通设施甚至村镇等，造成巨大损失。

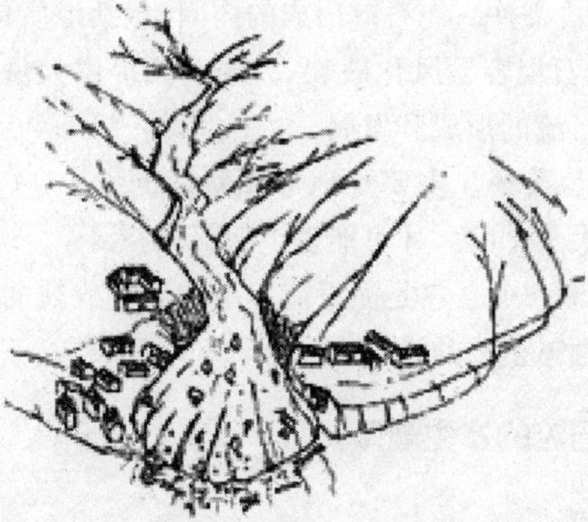

泥石流景观示意图

二、泥石流的形成条件

泥石流的形成原因很复杂，主要有三个必要条件：

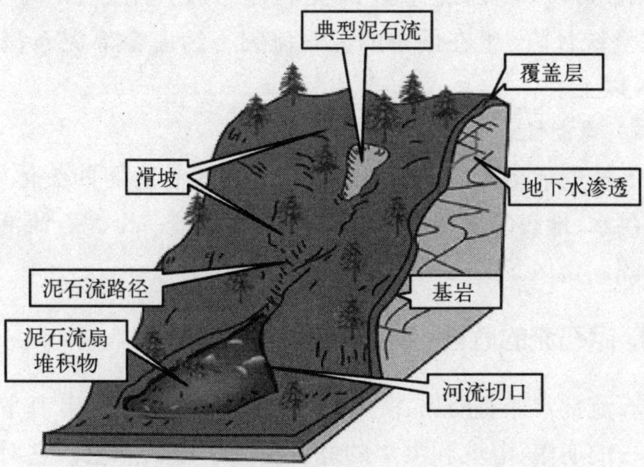

典型泥石流的形成示意图

（一）地质条件。泥石流形成的内因，包括地质构造和岩石的性质，有些岩石很容易风化破裂，为泥石流提供大量的固体物质，直接影响泥石流的形成和发展。

（二）地貌条件。主要是地形倾斜度的大小，实际考察得知，倾斜度必须大于15度，才可能发生泥石流。

（三）水源条件。它是泥石流发生的不可或缺的条件，主要来源于暴雨和融雪造成的洪水。

三、泥石流的发生规律

（一）季节性

我国泥石流活动周期与暴雨活动周期基本一致，具有明显的季节性。四川、云南等西南地区的降雨多集中在6～9月，因此、西南地区的泥石流多发生在6～9月；而西北地区降雨多集中在6、7、8三个月，尤其是7、8两个月降雨集中，暴雨强度大，因此西北地区的泥石流多发生在7、8两个月。据不完全统计，发生在雨季的泥石流灾害约占全部泥石流灾害的90％以上。

（二）周期性

泥石流的活动周期与降雨洪水、地震的活动周期大体一致。当降雨洪水、地震的活动周期叠加时，常常形成一个泥石流活动周期的高潮。

四、泥石流的危害

泥石流常常兼有崩塌、滑坡和洪水破坏的双重作用，其危害程度比单一的崩塌、滑坡和洪水的危害更为广泛和严重。它对人类的危害具体表现在以下四个方面：

（一）对居民点的危害。泥石流最常见的危害之一，是冲进乡

泥石流摧毁房屋

村、城镇，摧毁房屋、工厂、企事业单位及其他场所设施。淹没人畜、毁坏土地，甚至造成村毁人亡的灾难。

（二）对公路、铁路的危害。可直接埋没车站、铁路、公路，摧毁路基、桥涵等设施，致使交通中断，还可引起正在运行的火车、汽车颠覆，造成重大的人身伤亡事故。中国自建国以来，泥石流给铁路和公路造成了无法估计的巨大损失。

（三）对水利、水电工程的危害。主要是冲毁水电站、引水渠道及过沟建筑物，淤埋水电站尾水渠，并淤积水库、磨蚀坝面等。

（四）对矿山的危害。主要是摧毁矿山及其设施，淤埋矿山坑道、伤害矿山人员、造成停工停产，甚至使矿山报废。

第二节　泥石流的应对

一、泥石流的预防措施

泥石流发生突然，有的只有仅仅几分钟，所以必须提前预防：

（一）房屋不要建在沟口和沟道上

受自然条件限制，很多村庄建在山麓扇形地上。山麓扇形地是历史泥石流活动的见证，从长远的观点看，绝大多数沟谷都有发生泥石流的可能。因此，在村庄选址和规划建设过程中，房屋不能占据泄水沟道，也不宜离沟岸过近；已经占据沟道的房屋应迁移到安全地带。在沟道两侧修筑防护堤和营造防护林，可以避免或减轻因泥石流溢出沟槽而对两岸居民造成的伤害。

（二）不能把冲沟当作垃圾堆放场

在冲沟中随意弃土、弃渣、堆放垃圾，将给泥石流的发生提供固体物源，促进泥石流的活动；当弃土、弃渣量很大时，可能在沟谷中形成堆积坝，堆积坝溃决时必然发生泥石流。因此，在雨季到来之前，最好能主动清除沟道中的障碍物，保证沟道有良好的泄洪能力。

（三）保护和改善山区生态环境

泥石流的产生和活动程度与生态环境质量有密切关系。一般来说，生态环境好的区域，泥石流发生的频度低、影响范围小；生态环境差的区域，泥石流发生频度高、危害范围大。提高小流域植被覆盖率，在村庄附近营造一定规模的防护林，不仅可以抑制泥石流形成，降低泥石流发生频率，而且即使发生泥石流，也多了一道保护生命财产安全的屏障。

（四）雨季不要在沟谷中长时间停留

雨天不要在沟谷中长时间停留；一旦听到上游传来异常声响，应迅速向两岸上坡方向逃离。雨季穿越沟谷时，先要仔细观察，确认安全后再快速通过。山区降雨普遍具有局部性特点，沟谷下游是晴天，沟谷上游不一定也是晴天，“一山分四季，十里不同天”就是群众对山区气候变化无常的生动描述，即使在雨季的晴天，同样也要提防泥石流灾害。

二、逃生方法

（一）泥石流发生的前兆

泥石流的发生有迹可循，坡度较陡或坡体成孤立山嘴或为凹形陡坡、坡体上有明显的裂缝、坡体前部存在临空空间、或有崩塌物，这说明曾经发生过滑坡或崩塌，今后还可能再次发生；河流突然断流或水势突然加大，并夹有较多柴草、树木，深谷或沟内传来类似火车的轰鸣或闷雷般的声音，沟谷深处突然变得昏暗，还有轻微震动感，这些迹象都能确认沟谷上游已发生泥石流。

（二）避险措施

山地灾害来势凶猛、威力无比，远离灾害、避开险境是最好的防灾方法。前往山区沟谷旅游，一定要事先了解当地的近期天气实况和未来数日的天气预报及地质灾害气象预报。应尽量避免大雨天或连续阴雨天前往这些景区旅游。如恰逢恶劣天气，宁可蒙受经济损失、调整旅游路线，也不可贸然前往。

如果在山区旅游时，不幸遇上泥石流，不要惊慌，必须采取以下应急避险措施：

1. 沿山谷徒步时，一旦遭遇大雨，要迅速转移到附近安全的高地，离山谷越远越好，不要在谷底过多停留。

2. 注意观察周围环境，特别留意是否听到远处山谷传来打雷般声响，如听到要高度警惕，这很可能是泥石流将至的征兆。

3. 要选择平整的高地作为营地，尽可能避开有滚石和大量堆积物的山坡下面，不要在山谷和河沟底部扎营。

4. 发现泥石流后，要马上与泥石流成垂直方向向两边的山坡上面爬，爬得越高越好，跑得越快越好，绝对不能往泥石流的下游走。

5. 一定要设法从房屋里跑出来，到开阔地带，尽可能防止被埋压。

6. 逃生时一定要保护好头部。

第三节　近年国内泥石流灾害案例

一、2008 年四川严重暴雨洪涝和泥石流灾害

2008 年 9 月 24～25 日，四川震区东部部分地区降了大到暴雨，导致四川地震灾区发生暴雨洪涝和泥石流灾害，共造成 220 万余人受灾，紧急转移安置 10.5 万余人，因灾死亡 19 人，失踪 40 人；倒塌民房 3 600 余户、1.3 万余间，损坏民房 2.4 万余间；因灾直接经济损失 9.6 亿元。

二、2009 年四川康定泥石流灾害

2009 年 7 月 23 日，四川甘孜州康定县舍联乡干沟村发生泥石流灾害，下滑量达 100 万方，短时间内形成了长达 3 000 米、宽 50 米的堰塞湖，库容量达 300 万立方米，造成省道 211 线多处中断，3 000 米道路被淹没，因灾死亡 14 人、失踪 40 人。

三、2010年甘肃舟曲特大山洪泥石流

2010年8月8日凌晨，甘肃省甘南藏族自治州舟曲县城上游约11公里的25平方公里回水区遭遇强降雨，40分钟降雨量达到97毫米。强降雨导致山洪倾泻而下，由于回水区地质松软，瞬间转变成泥石流，冲出沟口的固体物质约180万立方米。受其影响，三眼村、月圆村、春场村基本被冲毁，舟曲县城近半数区域被冲毁或淹没，给当地群众的生命财产和生产生活造成了巨大的损失。

航拍舟曲泥石流灾区

四、2010年陕西安康山洪泥石流

2010年7月16～20日，陕南地区出现持续强降雨过程，安康市境内普降大到暴雨，绝大多数乡镇过程累计雨量超过50毫米，自动雨量速报系统监测点超过100毫米的达46个站点，站点降雨

量最大的为紫阳县联合站 194.7 毫米。据统计，陕西安康山洪泥石流灾害导致 159.7 万人受灾，死亡 78 人，失踪 104 人，紧急转移安置 55.5 万人；倒塌房屋 15.9 万间，损坏房屋 17.3 万间；直接经济损失 71.4 亿元。

第十章　滑　坡

我国是一个滑坡灾害多发的国家，滑坡分布极广。以大兴安岭-太行山-巫山-雪峰山为界，东部滑坡分布较为稀疏，西部较为密集，而秦岭-川西-滇西山地为极密集区。我国各省（自治区、直辖市）中，滑坡灾害频率最高的是四川省，约占全国同类灾害的25%，其次是陕西、云南、甘肃、青海、贵州等省。滑坡危害十分严重，给人民的生命财产和工农业生产造成严重损失。

第一节　概　　述

一、什么是滑坡

滑坡景观示意图

滑坡是指斜坡上的土体或者岩体，受河流冲刷、地下水活动、地震及人工切坡等因素影响，在重力作用下，沿着一定的软弱面或者软弱带，整体地或者分散地顺坡向下滑动的自然现象，俗称“走山”、“垮山”、“地滑”、“土溜”等。发生滑坡时，轻则地面开裂、房屋倒塌，重则堆埋道路、堵塞河道、摧毁各种工程设施，危害非常严重。

二、产生滑坡的条件

（一）地质

组成斜坡的岩、土体只有被各种构造面切割分离成不连续状态时，才有可能向下滑动。同时，构造面又为降雨等水流进入斜坡提供了通道。所以各种节理、裂隙、层面、断层发育的斜坡、特别是当平行和垂直斜坡的陡倾角构造面及顺坡缓倾的构造面发育时，最易发生滑坡。

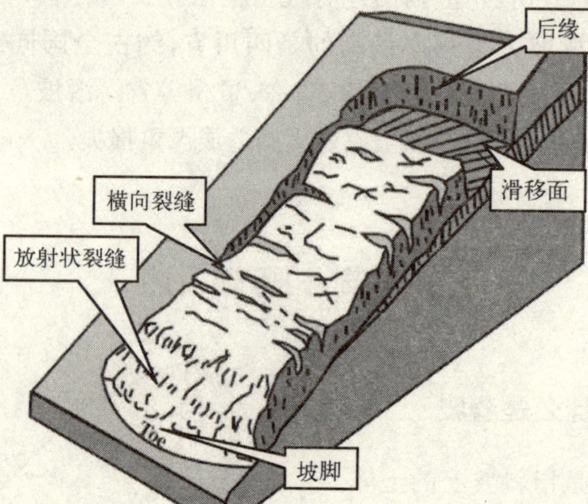

滑坡形成示意图

（二）地貌

一般江、河、湖（水库）、海、沟的斜坡，前缘开阔的山坡、铁路、公路和工程建筑物的边坡等都是易发生滑坡的地貌部位。坡度大于 10 度，小于 45 度，下陡中缓上陡、上部成环状的坡形是产生滑坡的有利地形。坡度、高差越大，滑坡位能越大，所形成滑坡的滑速越高；斜坡前方地形越开阔，滑移距离越大。

（三）诱因

引起滑坡的主要诱发因素有地震、降雨或融雪，河流、洪水等地表水对斜坡坡脚的不断冲刷、浸泡；人类活动，如开挖坡脚、坡体堆载、爆破、水库蓄水、泄洪、矿山开采等。此外，海啸、风暴潮、冰融等作用也可诱发滑坡。

三、滑坡的发生规律

滑坡的活动时间主要与诱发滑坡的各种外界因素有关，大致有如下规律：

（一）同时性

有些滑坡受诱发因素的作用后，立即活动。如强烈地震、暴雨、海啸、风暴潮等发生时和不合理的人类活动，如开挖、爆破等，都会有大量的滑坡出现。

（二）滞后性

有些滑坡发生时间稍晚于诱发作用因素的时间。这种滞后性规律在降雨诱发型滑坡中表现最为明显，该类滑坡多发生在暴雨、大雨和长时间的连续降雨之后，滞后时间的长短与滑坡体的岩性、结构及降雨量的大小有关。一般讲，滑坡体越松散、裂隙越发育、降雨量越大，则滞后时间越短。此外，人工开挖坡脚之后，水库蓄、泄水之后发生的滑坡也属于这类。人类活动强度越大、滑坡体的稳定程度越低，则滞后时间越短。

四、滑坡的危害

滑坡常常给工农业生产以及人民生命财产造成巨大损失、有的甚至是毁灭性的灾难。

1. 滑坡对乡村最主要的危害是摧毁农田、房舍，伤亡人畜，毁坏森林、道路，破坏农业机械设施、水利水电设施等，有时甚至给乡村造成毁灭性灾害。

2. 位于城镇的滑坡常常砸埋房屋，伤亡人畜，毁坏田地，摧毁工厂、学校、机关单位等，并毁坏各种设施，造成停电、停水、停工，有时甚至毁灭整个城镇。

3. 发生在工矿区的滑坡，可摧毁矿山设施，伤亡职工，毁坏厂房，使矿山停工停产，造成重大损失。

滑坡毁灭村庄

第二节　滑坡的应对

一、滑坡的前兆

发生滑坡之前，均会表现出不同的异常现象。一旦发现以下现象，应立即采取预防措施。

1. 大滑坡发生前，会出现断流多年的泉水“复活”的情况，也可能出现泉（井）水突然干涸、井（或钻孔）水位突变等异常现象。

2. 在滑坡体中部或前部出现横向及纵向放射状裂纹，标志滑坡体已进入临滑状态。

3. 大滑坡之前，滑坡体前沿坡脚处土体出现上隆（凸起）现象。

4. 大滑坡之前，有岩石开裂或被剪切挤压的声音。

5. 临滑之前，滑坡体四周岩体（土体）会出现小型坍塌和松动现象。

6. 大滑坡之前，滑坡体上长期位移观测资料中的水平位移和垂直位移会出现加速变化的趋势，这是明显的临滑迹象。

7. 滑坡体后缘的裂缝急剧扩展，并从裂缝中冒出热气或冷风。

8. 动物惊恐异常，植物变形。会出现猪、狗、牛等家畜惊恐不宁、不入睡，老鼠乱窜不进洞，树木枯萎或歪斜等现象。

二、逃生方法

当遇滑坡发生时，应当做到如下几点：

1. 行人与车辆不要进入或通过有警示标志的滑坡、坍塌危险区。

2. 当发现有滑坡的前兆时，应立即报告当地政府或有关部门，同时通知其他受威胁的人群，提高警惕，密切注意观察，做好撤离准备。

3. 当处在滑坡体上时，首先应保持冷静，要迅速环顾四周，向较安全的地段撤离。一般除高速滑坡外，只要行动迅速，都有可能逃离危险区段。跑离时，向两侧跑为最佳方向。在向下滑动的山坡中，向上或向下跑都是很危险的。

4. 当处于滑坡体中部无法逃离时，找一块坡度较缓的开阔地停留，但一定不要和房屋、围墙、电线杆靠得太近。

5. 当处于滑坡体前沿，只能迅速向两边逃生，别无选择。

第三节　近年国内滑坡灾害案例

一、广东梅州大埔县西河镇水祝村地质灾害

2006 年 7 月 31 日晚上 7 时 30 分，广东省梅州市大埔县西河镇水祝村突然发生山体滑坡，造成 60 间民房全部损毁，约 20 亩农田淹没，13 名村民被掩埋，其中 5 人获救，8 人死亡，48 名村民无家可归，直接经济损失约 300 万元。

二、湖南朱雀洞村特大地质灾害

2007 年 7 月 27 日凌晨 1 时，在连续暴雨诱发下，湘西自治州泸溪县潭溪镇朱雀洞村丛树坪发生了一起湖南省近年来罕见的特大型顺层土质滑坡灾害，滑坡体积达 200 万方，滑坡堆积物堵塞了 80 余米宽的丹青河河道。24 栋房屋、1 000 米高速公路路基、192

亩水田、608亩椪柑、31间牛栏被毁，100米通讯线路及1座电排站损坏，淹死耕牛5头，直接经济损失8 058.18万元。受灾村民达117户583人。由于预报预警及时准确、应急反应行动迅速、撤离群众措施得力，无人员伤亡。

三、云南昭通市山体滑坡灾害

2009年4月26日12时40分，云南省昭通市威信县扎西镇小坝村羊梯岩因降雨引发了山体滑坡灾害，滑坡体纵长约50米，横宽约40米，厚度约4米，总体积约8 000立方米，将花家坝煤矿生活区的2栋办公楼及职工宿舍全部掩埋，共造成20人死亡，2人重伤。

四、贵州关岭“6.28”重大山体滑坡

2010年6月28日14时，贵州安顺市关岭县岗乌镇发生山体滑坡灾害，造成岗乌镇大寨、永乐两个村民组38户107人被埋。据民政部门报告，岗乌镇已连续下雨一周，累计降雨量达300多毫米，其中6月27日降雨量达到257毫米，是造成此次山体滑坡的主要原因。据统计，此次特大山体滑坡灾害共造成42人死亡，57人失踪。

第十一章　森林火灾

近年来,因全球气候变暖等原因,全球森林火灾呈上升趋势,成为当今发生面广、危害性大、实效性强、处置救助极难的自然灾害。据不完全统计,世界每年发生森林火灾约 22 万起,过火面积达 640 多万公顷,约占地球森林总面积的 0.18%。新中国成立以来,我国平均每年发生森林火灾 1.6 万多起,受损森林 100 万公顷以上,年经济损失达 11.4 亿元。

第一节　概　　述

一、什么是森林火灾

凡是失去人为控制,在林地内自由蔓延和扩展,对森林、森林生态系统和人类带来一定危害和损失的林火行为都称为森林火灾。森林火灾烧毁森林的动植物资源,破坏生态环境,导致水土流失,经济损失巨大,甚至造成人员伤亡。

森林火灾现场

二、森林火灾的类型

森林火灾通常分地表火、树冠火和地下火三种类型。

(一) 地表火

地表火又称地面火，是沿森林地表面蔓延的火。烧毁地被植物，危害幼树、灌木、下木，烧伤树干基部和露出地面的树根等。一般温度在400℃左右，烟为浅灰色，约占森林火灾的94%。地表火按其蔓延速度和危害性质又分为两类：

1. 急进地表火：蔓延快，通常每小时达几百米至上千米，燃烧不均匀，常留下未烧地块，危害较轻，火烧迹地呈长椭圆形或顺风伸展呈三角形。

2. 稳进地表火：蔓延慢，一般每小时仅几十米，烧毁所有地被物，乔灌木低层枝条也被烧伤，燃烧时间长，温度高，危害严重，火烧迹地呈椭圆形。

（二）树冠火

指沿树冠蔓延的火，主要由地表火在强风的作用下引起。破坏性大，能烧毁针叶、树枝和地被物等，一般温度在900℃，烟柱可高达几千米，常发生飞火，烟为暗灰色，不易扑救，约占森林火灾的5%，多发生在长期干旱的针叶林内。树冠火按其蔓延速度和危害程度又分为两类：

1. 急进树冠火：又称狂燃火，蔓延速度快，火焰跳跃前进，顺风每小时可达8～25公里，树冠火常将地表火远远抛在后面，形成上下两股火，火烧迹地呈长椭圆形。

2. 稳进树冠火：又称遍燃火，蔓延速度慢，顺风每小时为5～8公里，树冠火与地表火，上下齐头并进，林内大部分可燃物都被烧掉，火烧迹地为椭圆形。稳进树冠火是森林火灾中危害最严重的一种。

地表火和树冠火同时发生

（三）地下火

在林地的腐殖质层或泥炭层中燃烧的火叫地下火。地表看不见火焰，只见烟雾，蔓延速度缓慢，每小时仅4～5米，持续时间长，能持续几天、几个月或更长，可一直烧到矿物质层或地下水层。破坏性大，能烧掉土壤中所有的泥炭、腐殖质和树根等，不易扑灭。火烧后林地往往出现成片倒木。约占森林火灾的1%。火烧迹地呈环形。多发生在特别干旱的针叶林地内。

三、我国森林火灾的特点

受地理位置、地形地势、气候及森林资源分布和人口居住密度等影响，我国的森林火灾呈以下特点：

（一）在发生时间上，森林火灾成季节性变化。一般我国东北、内蒙古林区防火春季从3月中旬到6月中旬，紧要期为4、5月份；秋季从9月中旬到11月中旬，紧要期为10月份。南方和西南林区防火期为11月中旬到第二年的5月底，紧要期多在2月到4月。西北林区防火期从4月到10月，紧要期在7月到9月。

同时，因气候周期性变化，森林火灾还有5～6年，甚至10年的发生周期。

（二）在发生地域上，森林火灾具有集中性。主要集中在东北林区和西南林区，且东北林区的受灾面积远大于西南林区。

（三）在发生原因上，森林火灾大多系人为造成。主要是人们生产用火、生活用火不慎引发，烧荒垦地、烧灰积肥、野外吸烟、上坟烧纸等以及故意纵火是引发森林火灾的主要原因，占95%以上。雷电、自燃等自然原因也会引起森林火灾。

四、森林火灾造成人员伤亡的原因

（一）地形。在地形非常复杂的地区，如高山林区，小地形林区，沟谷地区，容易形成特殊的林火行为现象。

（二）天气条件。特殊的高温天气、大风天气，还有一些特殊的小气候，容易形成风的切变、风的回旋、风向转变等情况，将火的蔓延方向改变，容易造成人员伤亡。

（三）准备不足。在森林火灾扑救当中，人们缺乏充足的准备意识，对可能发生的危险情况准备不足。在细小可燃物，比如草类、沟塘草甸等地方，火的发展和蔓延都很快，往往躲避不及时也容易造成人员伤亡。

（四）烟熏。在火灾发生过程中，会出现大量的烟雾，往往发生烟熏、一氧化碳中毒情况。

（五）高温。在森林火灾发生过程中产生的高温，往往会造成扑火人员高温脱水，体力疲劳，行动不便，从而造成人员伤亡。

第二节　森林火灾的应对

一、扑救森林火灾的安全原则

扑救森林火灾，要做到既扑灭火灾，又不伤亡人员，扑火人员应把握以下五大安全原则：

1. 扑火人员在进火场前要明确脱险的路线和方法，选择离火场较近，取水方便的河旁沙滩等地宿营，并立即开辟防火隔离带。

2. 进入火场，要沿火龙顺风向扑打。同时，注意风向，不要在下风口扑火，不要在火线前面扑火，严禁在风大火猛处逆火向扑火。火势强时，要暂避火风，待机扑打。不要在窄山谷、窄山脊线、马鞍形区、悬崖附近、陡坡、风口、凹形区等危险区扑火，也不要到植被稠密、高度 1 米以上的针叶幼林中及易燃灌木丛中扑火。扑打下山火时，要注意风向变化，防止下山火变为上山火时被火卷入烧伤。

3. 扑火人员在扑火时若发现有被火包围的危险时，千万不要惊慌，不要顺着大火延伸的方向跑，应视火场变化情况，迅速寻找自救解脱的方法。

4. 白天扑火要特别注意安全。高强度的扑火作业使救援人员非常容易疲劳，因此火场休息应集中管理，严禁休息时单独行动、分散躺倒的现象发生，并注意清点人数。

5. 严禁妇女、儿童、老弱病残者参加扑火。

二、遇到森林火灾如何逃生

一旦遇到森林火灾，应当尽力保持镇静，就地取材，尽快做好自我防护。

1. 一旦发生火情，应尽快撤到火烧迹地（大火烧过的地方，不会再次燃烧，相对安全）。

2. 如果被大火包围在半山腰时，要快速向山下跑，切忌往山上跑。火向山上蔓延的速度要快于人跑的速度。

3. 如果在山谷、山脚被火包围，应退到平坦、开阔、植被较少的地区，点火自救。可以主动点火烧掉周围的可燃物，当烧出一片空地后，迅速进入空地卧倒避烟。点火时要判断准确，从背向火头方向点火，防止被火卷入烧伤。点火后，应当抓紧时间迅速撤离。

4. 若火情危急，来不及点火自救，应迅速选择较开阔，周围植被少的地方，脚向火头方向卧倒，将外衣翻盖头部，同时迅速在地上扒一浅坑，用双手捂住头脸部贴于坑底，并深吸一口气，待火龙烧过为止。

5. 一旦发现自己身处森林着火区域，应当使用沾湿的毛巾遮住口鼻，附近有水的话，最好将身上的衣物浸湿，以防止高温、烟熏和一氧化碳等造成的伤害。

6. 若被火包围，确属危急关头，又无办法时，应迅速选择一火势较弱处用衣物盖住头部，迎着火龙，冲出火场。千万不能与火赛跑，只能对着火冲。

7. 在森林中遭遇火灾，一定要密切关注风向变化，因为风向代表着大火的蔓延方向，这也决定了逃生的方向是否正确。

第三节　近年我国森林火灾案例

一、昆明安宁“3.29”重大森林火灾

2006 年 3 月 29 日 16 时 30 分，安宁龙山森林防火嘹望台第一时间在温泉镇境内的山林中发现火情。火灾初发地距昆明城区仅数十公里。此次火灾由外来疑似精神病患者燃起后，南起安宁市，北跨西山区，过火面积 27 731 亩，受害森林面积 7 789 亩，危及 6 个村庄 700 余名群众的生命财产安全。由于干旱少雨，林区植被处于极度干燥状态，起火后，火势猛烈，短时内就形成了高强度、大面积的森林火灾。地下火、地表火与树冠火并行，再加上风无定向，火无定势，火场最高瞬时风速达 31 米/秒，在 7、8 级大风的作用下，已控制的火区内频繁发生飞火，飞火最远距离达 1 000 多米，多次突破防火隔离带引发新火点，给扑救和围堵工作增加了很大难度。广大武警、森警、公安战士以及当地人民群众奋力扑救，出动了四架直升飞机，以及许多马匹，骡子运送物资，转移部分村庄人群，开挖四道防火隔离带，10 次人工降雨，至 4 月 6 日才完全扑灭火魔。

二、2006 年大兴安岭特大森林火灾

2006 年春季，我国北方少雨干旱，大兴安岭林区一直处于高

等级火险状态，防火形势严峻。2006 年 5 月 21～24 日，黑龙江省黑河市、大兴安岭地区砍都河，内蒙古自治区牙克石市相继发生特大森林火灾。这次森林火灾的起火原因是由于持续严重的干旱少雨遭受雷击所致。经过 12 000 余名武警官兵和 30 000 余名地方扑火人员 13 个昼夜的连续奋战，于 6 月 2 日将火灾全部扑灭。此次火灾的过火面积达到 442.2 千公顷，受害森林面积达到 358.2 千公顷，燃烧释放总炭量为 1 000 万吨以上，受伤 38 人，国家投入直接扑火费用达到 13 963 万元，是 1987 年以来最为严重的大兴安岭地区森林火灾。

三、2009 年福建森林火灾事件

2009 年 2 月 12 日中午，福建省三明市沙县高砂镇端溪村发生森林火灾，火灾因当地一农民在山边吸烟乱扔烟头引起。火灾发生的飞火形成 11 个火点，过火面积达 5 000 余亩，殃及高砂镇 2 家企业以及高砂镇、青州镇的少量民宅，并一度造成福银高速公路大年岭隧道路段、205 国道沙县后底至青州路段封闭和鹰厦铁路三明段暂时停运。火灾至 14 日被扑灭。

由于当年福建省天气持续干旱少雨，气温偏高，森林火险等级急剧增高，加之农村春耕备耕和炼山造林逐渐开始，野外用火量增多，以致森林火灾呈高发态势。仅在 2 月 12～13 日两天内，国家林火卫星监测中心监测到的福建林区火点就有 72 个，共发生森林火灾 43 起，造成 1 个护林员和 3 个农民死亡。据初步统计，全省森林过火总面积达 16 000 余亩，当地经济和社会生活受到不同程度的影响和损失。

事故灾难篇

第十二章　事故灾难概论

事故灾难是指具有灾难性后果的事故，是在人们生产、生活过程中发生的，直接由人的生产、生活活动引发的，违反人们意志的、迫使活动暂时或永久停止，并且造成大量的人员伤亡、经济损失或环境污染的意外事件。

第一节　事故灾难的特征和类型

一、事故灾难的基本特征

1. 具有突发性。灾难性事故一般伴随着自然灾害或者由于人为操作不当而突然发生，造成瞬时的严重后果。比如地震的突然发生造成化学或核辐射物质的泄漏。

2. 具有灾害扩大的可能性。受一定自然条件的影响以及致害因素的特殊性，事故灾难有时不仅仅对局部范围内的人员和环境产生危害和损伤，还可能对周边地区甚至全球范围造成一定的影响。比如核事故受风向的影响，核辐射物质会对事故发生地以外的地区造成辐射。

3. 容易发生次生事故。事故灾难往往破坏力大，受影响的人员多，会发生进一步的危害生命的事故。比如汶川大地震后的堰塞湖、一些灾难之后导致的瘟疫等等。

4. 容易引发环境污染，形成公众危机事件。很多事故灾难的发生是由于化学物质的爆炸、泄漏等而引起，这些物质不仅可以造成人员和牲畜的伤亡，还可能造成周围环境的污染，引起人们的心理恐慌。

二、事故灾难的类型

1. 核与辐射事故

核与辐射事故是指非人为故意所引起的放射性物质丢失、失控、失察、失误等造成或可能造成严重人员伤害的紧急事件。如核电站事故、放射源意外照射事故等等。

2. 公共场所安全事故

公共场所安全事故是指在公共场所突然发生的，伤害人身安全和健康，损坏公共设施设备，造成经济损失的意外事件。如火灾、踩踏事故、火车事故等等。

3. 环境污染事故

环境污染事故是指由于违反环境保护法规的经济、社会活动与行为，以及意外因素的影响或不可抗拒的自然灾害等原因使环境受到污染，国家重点保护的野生动植物、自然保护区受到破坏，人体健康受到危害，社会经济与人民财产受到损失，造成不良社会影响的突发性事件。如液氯泄漏事故、铅中毒事故等等。

4. 工矿企业安全事故

工矿企业安全事故是指林区、矿区、油田和化工、交通运输、军工、地质和储备等工矿企业在生产经营活动中突然发生的，伤害人身安全和健康，或者损坏设备设施，或者造成经济损失的，导致原生产经营活动暂时中止或永远终止的意外事件。如瓦斯爆炸事故、烟花爆竹爆炸事故等等。

第二节 事故灾难分级标准

一、安全事故

（一）特别重大安全事故

1. 造成30人以上死亡（含失踪），或事故危及到30人以上生命安全，或1亿元以上直接经济损失，或100人以上中毒（重伤），或需要紧急转移安置10万人以上的安全事故；

2. 国内外民用运输航空器在我国行政区域内发生的，或我国民用运输航空器在境外或行政区外发生的坠机、撞机或紧急迫降等情况导致的特别重大飞行事故；

3. 事故危及30人以上生命安全的水上突发事件，或单船10 000吨以上国内外民用运输船舶在我国行政区域内发生碰撞、触礁、火灾等对船舶及人员生命安全以及港口设施安全造成严重威胁的水上突发事件；

4. 铁路繁忙干线、国家高速公路网线遭受破坏，造成行车中断，经抢修48小时内无法恢复通车；

5. 重要港口瘫痪或遭受灾难性损失，江河干线因非管制因素发生断航24小时以上；

6. 造成区域电网减供负荷达到事故前总负荷的30%以上，或造成重要政治、经济中心城市减供负荷达到事故前总负荷的50%以上；或因重要发电厂、变电站、输变电设备遭受毁灭性破坏或打击，造成区域电网大面积停电，减供负荷达到事故前的20%以上，对区域电网、跨区电网安全稳定运行构成严重威胁；

7. 大面积骨干网中断、通信枢纽遭到破坏等造成严重影响的事故；

8. 因自然灾害等不可抗拒的原因导致支付、清算系统国家处理中心发生故障或因人为破坏，造成整个支付、清算系统瘫痪的事故；

9. 城市 5 万户以上居民供气或供水连续停止 48 小时以上的事故；

10. 造成特别重大影响或损失的特种设备事故。

（二）重大安全事故

1. 造成 10 人以上、30 人以下死亡（含失踪），或事故危及到 10 人以上、30 人以下生命安全，或直接经济损失 5 000 万元以上、1 亿元以下的事故，或 50 人以上，100 人以下中毒（重伤），或需紧急转移安置 5 万人以上、10 万人以下的事故；

2. 国内外民用运输航空器在我国行政区域内，或我国民用运输航空器在境外或行政区外发生重大飞行事故；

3. 危及 10 人以上、30 人以下生命安全的水上突发事件；3 000 吨以上、10 000 吨以下的非客船、非危险化学品船发生碰撞、触礁、火灾等对船舶及人员生命安全造成威胁的水上突发事件；

4. 铁路繁忙干线、国家高速公路网线路遭受破坏，或因灾严重损毁，造成通行中断，经抢修 24 小时内无法恢复通车；

5. 重要港口遭受严重损坏，江河干线等重要航道因非管制因素发生断航 12 小时以上、24 小时以内；

6. 造成跨区电网或区域电网减供负荷达到事故前总负荷的 10%以上、30%以下，或造成重要政治、经济中心城市减供负荷达到事故前总负荷的 20%以上、50%以下；

7. 造成重大影响和损失的通信、信息网络、特种设备事故和城市轨道、道路交通、大中城市供水、燃气设施供应中断，或造成 3

万户以上居民停水、停气 24 小时以上的事故；

8. 其他一些无法量化但性质严重，对社会稳定、经济建设造成重大影响的事故。

二、环境污染和生态破坏事故

（一）特别重大环境污染和生态破坏事故

1. 发生 30 人以上死亡，或 100 人以上中毒（重伤），或因环境事件需疏散、转移群众 5 万人以上，或直接经济损失 1 000 万元以上，或区域生态功能严重丧失，或濒危物种生存环境遭到严重污染，或因环境污染使当地正常的经济、社会秩序受到严重影响，或 1、2 类放射源失控造成大范围严重辐射污染后果的；

2. 因环境污染造成重要城市主要水源地取水中断的污染事故；

3. 因危险化学品（含剧毒品）生产和贮运中发生泄漏，严重影响人民群众生产、生活的污染事故；

4. 核设施发生需要进入场外应急的严重核事故，或事故辐射后果可能影响邻省的，或按照"国际核事件分级标准（INES）"3 级以上的核事件；

5. 高致病病毒、细菌等微生物在实验室研究过程中造成的特大污染事故；

6. 转基因生物对人类、动物、植物、微生物和生态系统构成严重威胁，或造成高度侵袭性、传染性、转移性、致病性和破坏性的灾害；

7. 盗伐、滥伐、聚众哄抢森林或林木数量达 5 000 立方米（幼树 25 万株）以上的事件，毁林开垦、乱占林地、非法改变林地用途属防护林和特种用途林林地 1 500 亩以上，属其他林地 3 000 亩以上的事件。

（二）重大环境污染和生态破坏事故

1. 发生 10 人以上、30 人以下死亡，或 50 人以上、100 人以下中毒，或区域生态功能部分丧失或濒危物种生境受到污染；或因环境污染使当地经济、社会活动受到较大影响，疏散转移群众 1 万人以上、5 万人以下的；或 1、2 类放射源丢失、被盗或失控；

2. 因环境污染造成重要河流、湖泊、水库大面积污染，或县级以上城镇水源地取水中断的污染事故；

3. 盗伐、滥伐、聚众哄抢森林或林木数量达 1 000～5 000 立方米（幼树 5 万～25 万株）的事件，毁林开垦、乱占林地、非法改变林地用途属防护林和特种用途林林地 500～1 500 亩，属其他林地 1 000～3 000 亩的事件。

4. 对国家级自然保护区和风景名胜区造成重大直接经济损失的环境污染事故，或资源开发造成严重环境污染和生态破坏，可能导致主要保护对象或其栖息地遭受毁灭性破坏，或直接威胁当地群众生产、生活和游客安全的事故；

5. 由于自然、生物、人为因素造成国家重点保护野生动（植）物种群大批死亡或可能造成物种灭绝事件；

6. 核设施和铀矿冶炼设施发生的、达到进入场区应急状态标准；

7. 进口再生原料严重环保超标和进口货物严重核辐射超标或含有爆炸物品的事件；

8. 非法倾倒、埋藏剧毒危险废物事件。

第三节　事故处置基本程序

一、事故报告和现场保护

（一）事故报告

事故发生后，事故场所管理单位应立即将事故情况报告上级管理单位、公安和消防部门。

（二）现场保护

事故发生后，公安部门要立即组织力量赶赴事故现场，并迅速采取措施抢救人员和财产。

二、应急处置

（一）基本应急

1. 立即疏散群众，设置警戒区域，封闭事故现场，严禁无关人员进入，维护救助秩序。

2. 根据事故现场情况，立即抢救受伤人员，帮助被困人员转移到安全地带，查找生还人员。

3. 组织医护人员，对受伤人员现场救护后，立即送往就近医院实施抢救。

4. 调查取证，及时查明事故原因，对肇事者及有关人员采取监控措施。

5. 封闭相关路段，分流疏导车辆，维护交通秩序。

6. 保障通信畅通。

7. 尽快恢复损坏的道路、水、电、通信等有关设施。

8. 迅速研究制定善后处理方案，并立即组织实施，确保社会稳定。

（二）扩大应急

当发生特别重大事故或超出本级预案处置能力时，应急领导小组要立即向上级主管部门报告，请求支援。

（三）应急结束

突发事件已得到控制，重大险情已经解除，处置工作已基本完成，善后工作已有序展开，无群体性事件发生，应急处置工作即告结束。

三、善后处置

1. 突发事故应急处置结束后，应急领导小组要组织有关部门组成事故调查组，对事故的原因进行全面调查，分清责任，提出事故处理意见并结案，形成书面材料报应急领导小组。

2. 应急领导小组要针对突发事故进行总结，认真总结经验教训，以防止此类事故的再次发生。

第十三章　核与辐射事故

第一节　概　　述

一、核与辐射事故概念

核与辐射事故是指非人为故意所引起的放射性物质丢失、失控、失察、失误等造成或可能造成严重人员伤害的紧急事件。事故涉及核设施时称为核事故，包括反应堆事故等，比如美国三哩岛核电厂事故、前苏联切尔诺贝利核电站事故。辐射事故是指密封或非密封放射源事故，导致电离辐射或放射性物质向环境释放失控，包括 X 线装置事故、用于工业和医学的密封放射性同位素源如 ^{60}Co（钴）、^{192}Ir（铱）辐照源事故、核医学和研究中使用的非密封源事故，比如 ^{131}I（碘）、^{18}F（氟）等同位素使用过程中造成的放射性事故。

二、核与辐射事故主要类型

（一）核反应堆事故

包括各种核反应堆及核电站发生的各类事故。如前苏联切尔诺贝利核电站发生的爆炸及核泄漏事故。

（二）辐照装置事故

包括γ射线辐照装置、辐射探伤装置、放射治疗机在应用过程中发生的各类技术性事故等。如密闭放射源或辐射装置辐照室的门锁失控，造成人员辐照等。

（三）放射源丢失事故

包括放射源、放射性材料、放射性严重污染物件的丢失或被盗、误置，以及随意遗弃所造成的人员伤害等。

（四）医疗照射事故

包括人员外照射、内照射失误、失控等事故，如治疗照射剂量或含放射性物质药物使用过量或失控等。

（五）超临界事故

包括放射源防护装置和辐照防护装置故障或误操作引起屏蔽作用丧失，在核燃料转换、富集过程中操作失误等。

（六）放射性废物储存事故

包括密闭放射性废源、包容放射性物质的设备或容器泄漏等。

（七）军用核设施事故

包括在核试验、核武器贮存、运输、检测过程中违反操作规程所发生的事故，以及核潜艇发生的核泄漏事故等。

（八）其他核辐射事故

包括核物质生产、提炼、运输、储存、加工、制造等过程中发生的核工业事故，以及核动力卫星坠毁事故等。

第二节　核与辐射事故的主要特点

一、事故阶段

事故发展迅速，全过程可分为三个阶段：

（一）早期

从事故发生到放射性物质释放进入环境的最初阶段，主要的困难在于源项不够清楚、对事态的未来发展预测难于把握。

（二）中期

从放射性物质释放后的数小时到数天，获取环境监测结果，确定应采取的防护措施。

（三）晚期

也称为恢复期，可持续数周、数年甚至数十年，取决于放射性物质释放的特点和数量。

二、存在多种照射来源和途径

核反应堆事故对人员的主要照射来源和途径如下表。

核反应堆事故对人员的照射来源和途径

途径	来源	事故阶段
外照射	① 核设施本身	早期
	② 烟羽中放射性物质	早期、中期
	③ 沉积于地面的放射性物质	早期、中期、晚期
	④ 沉积于衣服、体表的放射性物质	中期、晚期
内照射	① 吸入烟羽中的放射性物质	早期、中期
	② 吸入再悬浮的放射性物质	中期、晚期
	③ 食入放射性物质污染的食物与水	中期、晚期

三、释放多种放射性核素，多种照射方式

核事故可释放多种放射性核素，并通过多种照射方式使不同组织器官受照。在核事故早期主要是惰性气体和碘，晚期则是长

寿命^{90}Sr(锶)、^{137}Cs(铯)、^{239}Pu(钚)等核裂变产物。γ射线主要造成外照射,食入或吸入放射性核素则主要作用于甲状腺、肺、骨骼等危象器官,沉积于体表主要造成皮肤损伤。

四、影响范围广,涉及人数多,作用时间长

由于放射性物质污染环境,造成空气、水源、食物等受到污染,导致生态的破坏,长寿命^{90}Sr(锶)、^{137}Cs(铯)、^{239}Pu(钚)的核裂变产物可长期影响环境,并通过食物链持续危害动植物种群。同时辐射的远后效应对人类的影响需要数年数十年的观察。

五、可造成严重而持久的社会和心理影响

由于核事故危害的严重性以及公众对事件认知程度的差异,可导致群体性的心理恐慌,对核能的发展产生疑虑。

六、需要投入较大的救援力量

重大核事故影响范围广、涉及人数多,造成的灾难和社会心理影响大,同时辐射损害必须借助于特殊设备、检查才能确定,对损伤的诊断、治疗、洗消、远期危害评价等需要有专门的技术、设施,往往需要投入大量的人力、物力。

第三节　核与辐射事故的危害

一、事故对人的伤害途径

核与辐射对人员的伤害途径,可以分为外照射、体表污染、伤口污染、内照射四种基本方式。

二、电离辐射造成的人员伤害

(一) 急性辐射效应

人体受照射后数分钟至数月内出现的效应称为急性效应。产生辐射急性效应的主要途径有强放射性物质引起的照射和核反应释放的大量 γ 射线和中子辐射。主要症状包括呕吐、皮肤红斑、脱发、白内障、造血功能降低、暂时或永久不育等,其严重程度和发生概率与剂量的大小有关。

照射剂量低于 0.35 Gy 时,可引起某些人恶心、虚弱和食欲减退,但均能在数小时内消失。

照射剂量在 0.70～1.25 Gy 时,可使 5%～30%受照人员出现暂时性恶心。若无其他并发症,一般不会造成死亡。

照射剂量在 1.25～3 Gy 时,可使大部分受照人员发生恶心、呕吐和虚弱,同时伴有感染、出血和发热等症状,如有创伤或烧伤,发病人数和死亡人数将明显增加。

照射剂量在 3 Gy 左右时,如不及时救治,60 天内死亡率将达 50%。在更高剂量情况下,上述症状和体征将持续并且后果更加严重。

当照射剂量超过 5 Gy,且未进行医学救治时,死亡率将会达到 100%。

(二) 远期辐射效应

辐射的远期效应产生于受照后半年乃至数十年后,包括随机性效应如致癌效应和遗传效应,确定性效应如辐射性白内障、慢性放射性皮炎、生殖力减弱和寿命缩短等。

(三) 心理效应

核与辐射突发事件所产生的社会心理效应十分突出。由于一般民众对于核辐射的性质、特点、危害及防护缺乏了解,使得人们对于核与辐射突发事件感到担心和恐惧。这种潜在的对核辐射担心焦虑的思想会通过社会的各种途径广为流传，当确实发生核与辐射突发事件时，可能引发更大的社会恐慌和混乱。

第四节　公众应对措施

一旦出现核与辐射突发事件，公众应做到的第一件事是尽可能获取可信的关于突发事件的信息，了解政府部门的决定、通知。应通过各种手段（电视、广播、电话等）保持与当地政府的信息沟通，切忌不可轻信谣言或小道信息。其次是按照当地政府的通知，迅速采取必要的自我防护措施。

1. 选择就近的建筑物进行隐蔽，在人与辐射源之间加一层足够厚的屏蔽物，可以降低外照射剂量。主要材料有铅、钢筋混凝土、水等，我们住的楼房对外部照射来说是很好的屏蔽体；

2. 多使用含碘实物，每天适当增加维生素供给；

3. 关闭门窗，关闭通风设备（包括空调、风扇），当污染的空气过去后，迅速打开门窗和通风装置，并根据地方政府的安排实施有组织、有序地撤离；

4. 当判断有放射性撒布事件发生时，切忌不能迎着风，也不能顺着风跑，应尽量往风向的侧面躲，并迅速进入建筑物内隐蔽；

5. 应采取呼吸防护，包括用湿毛巾、布块等捂住口鼻，过滤放射性粒子。体表的防护可用各种日常服装，包括帽子、头巾、雨衣、手套和靴子等；

6. 若怀疑身体表面有放射性污染，采用洗澡和更换衣服来减少放射性污染，并防止食入污染的食品或水。

第五节　核与辐射事故案例

一、三里庵^{60}Co丢失事件

（一）事件经过

1960年安徽省合肥市某单位添置钴-60源，该源项从苏联进口，出厂时间为1959年11月21日，当时放射性强度为13.3克镭当量，拟供辐照实验用。后因计划变更没有安装，遂将钴源（为苏联-1型，圆柱形，直径10.5毫米，高11.5毫米，装在400 kg重的球形铅罐内）放置在该院西侧三里庵水塘一块半岛状的空地上，进口处用篱笆封锁。再后来，篱笆被人拆除，时有闲人到该地玩耍，并有人把牛拴在铅罐的耳环上。

1963年1月11日15时许，附近19岁的农村青年葛传福和其他四名少年一起到该水塘拉网捕鱼，见到铅罐后，启开铅塞，发现铅罐内的金属物，取出后放在自己的右侧衣服口袋内，沿着田埂回家。回家的路程约1公里，在回家的途中即感恶心，到家后发生呕吐，18时许即卧床不起。发生事故时放射性强度为12.2克镭当量。12日中午，其兄葛传海与其母用平板车将他送到西市区卫生所就诊，该所医生、化验员以及护士也受到不同程度的照射。直到13日20时时许，葛传福翻身时压到该金属物感觉不舒服才从衣袋内取出放在床头麻袋内，前后历时52小时才脱离身体。

14日8时许，其弟葛传宝从麻袋内拣出该金属物，玩耍后放在自己的左侧裤袋内，下午感觉不适即卧床休息，晚上同睡一床的还有他的姐姐和妈妈。直到16日早晨他妈妈给他换裤子时才把钴源从裤袋内取出放在床头柜上。

18 日下午该单位发现钴源丢失，报告有关部门寻找。20 日上午侦察得知钴源在葛家，在防化兵等人员的协助下才从葛家找回。当日下午，葛家 5 人由安徽省卫生厅送往安徽医学院附属医院救治。23 日葛传海和葛传宝二人被转送北京解放军 307 医院治疗，下午葛传福因医治无效死亡。24 日，葛传宝在北京死亡。

在 1 月 11 日至 20 日十天内，邻居、亲友陆续到葛家探望，其间又到卫生所就诊，随后多人协助找源，据调查，前后有不同程度受照者多达 73 人，发生中度以上急性放射病 6 人。其中 100 伦琴左右 1 人，20～50 伦琴 4 人，5～10 伦琴 5 人，1～5 伦琴 11 人，小于 1 伦琴 40 人，剂量范围无法估计者 6 人。国家卫生部成立了由军事医学科学院、中国医学科学院、安徽医学院、北京工业卫生研究所、第二军医大学、南京军区军事医学研究所等组成的研究工作组，在安徽省科委和卫生厅党委统一领导下对该事故进行医学调查。

（二）经验教训

1. 放射源的储存必须选择远离人群、有充分屏蔽防护的场所，并应有专人保管和相关标志及说明；

2. 开展对普通群众的辐射科普知识宣传，使公众懂得基本辐射知识，公众发现异常情况应迅速主动报告，防止人员受到辐射照射。

二、日本“3.11”福岛第一核电站核事故

（一）事件经过

2011 年 3 月 11 日下午，日本近海发生里氏 9 级地震，第一核电站 1 号反应堆控制棒上插，反应堆安全停堆。堆芯热功率在几分钟内由正常的 1 400 兆瓦下降到只剩余热。停堆后为保证厂用电源不失，由安注系统向堆芯补水，保证堆芯冷却防止超压，但地震摧毁了电网，厂外电源不可用。随即应急柴油机启动并向堆芯内注入清水。

由于地震引发海啸，致使柴油机房被淹，应急柴油机不可用。随即使用蓄电池，虽然容量较小，但是在事故后8小时内还是为压力容器的冷却做了一些贡献。蓄电池眼看就要耗尽，于是动用卡车运来了移动式柴油机，但柴油发电机的接口和核电站的接口不兼容，堆芯冷却暂时停止。

3月12日，操作员开始释放压力容器内部的压力。此时压力容器内的温度约为550℃，堆芯已经裸露并产生大量氢气。含有氢气的蒸汽，通过卸压水箱简单的降温和过滤就被排放到厂房大气中。日本政府承认测到了放射性的碘和铯，并随风吹向周边地区，东京地区也监测到少量放射性物质。

3月12日15点，随着一声巨响，氢气在一号机组厂房上部爆炸，使强度不是很高的厂房上部混凝土完全炸开，只剩下钢结构。

3月14日11点，第三机组发生爆炸，并出现少量放射性物质外泄情况。

3月15日早晨，第二机组发生爆炸，并出现放射性物质外泄情况。

3月15日11点，第三机组再次发生爆炸，4号反应堆发生火灾。

日本政府疏散了第一核电站周围20公里范围内的大约7万民众，并宣布第一核电站周边30公里范围为禁飞区，第一核电站的1至6号机组将全部永久废弃。日本原子能安全保安院根据国际核事件分级表将福岛核事故定为最高级7级。

8月下旬，日本文部科学省从宫城县到千叶县海域的11个地点采集了海水。这些地点在距离福岛第一核电站130至340公里范围内。10月5日文部科学省公布了福岛第一核电站周边海域海水中放射性铯浓度的调查结果。经检测发现铯-137的放射性活度为每升海水0.001 2至0.11贝克勒尔，而2009年在这一核电站附近海域检测的最高值是每升海水 0.001 9 贝克勒尔。在核电站以东约 180 公里处，铯- 137 活度最高达每升海水 0.11 贝克勒尔，远远高于核事故前的相关测量值。

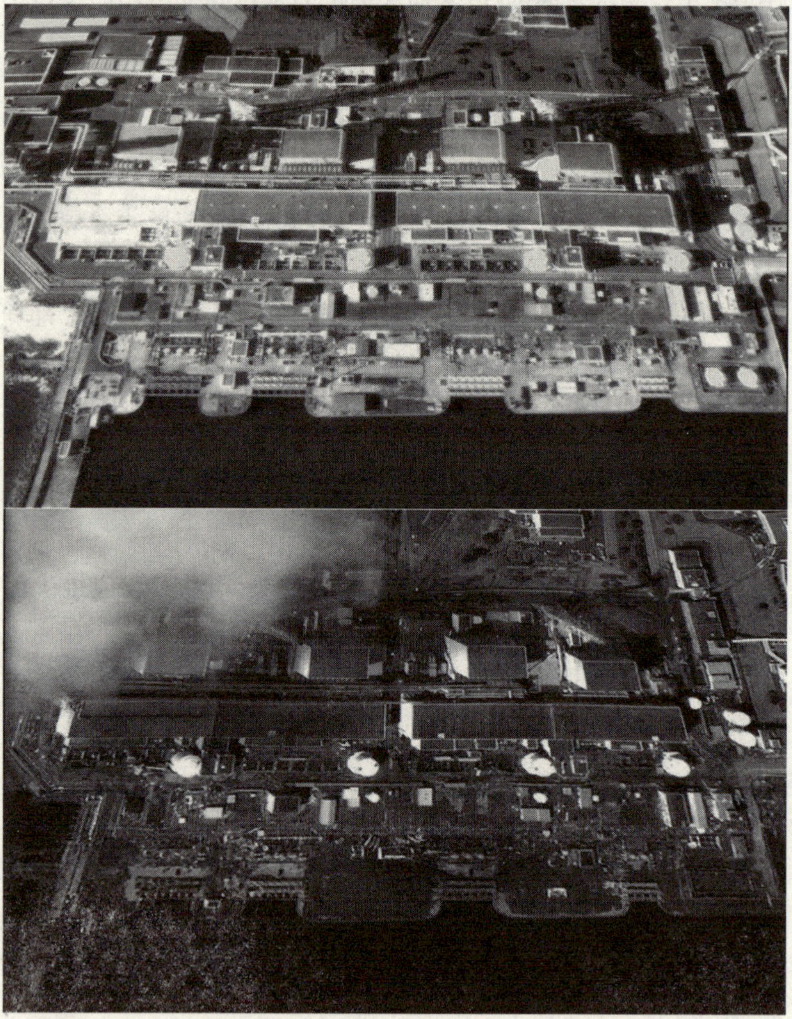

福岛核电站地震前后卫星图

（二）经验和教训

1. 关于采取何种措施的问题

在整个过程中，操作员一直在采取比较保守的冷却方式。虽然有机会，但是直到爆炸发生也没有向堆芯内注入硼水。一方面是不希望反应堆就此报废，另一方面是对反应堆的承受能力抱有侥幸心理。客观的说，操作人员在最大限度地保护反应堆，但是没有在最大限度上保护公众的安全。

2. 关于退役年限的问题

2011 年 3 月 26 日是福岛第一核电站一号机组商业运行 40 周年纪念日，按说四十年也就意味着核电站的寿终正寝，但是东京电力公司考虑到经济利益，决定一号机组延寿二十年。其实在这次核泄漏事故发生前，由于设备老化问题，一号机组近几年已经事故不断。

3. 关于在役核电站冷却方式改进的问题

目前在役二代核电站，事故后无一例外都需要应急柴油机来做安全保障。而且现役核电站的柴油机都是低位布置，甚至还把油箱放在地下，大都无法抵御海啸袭击。

第十四章　公共场所安全事故

第一节　概　　述

一、概念

公共场所安全事故是指在公共场所突然发生的，伤害人身安全和健康，损坏公共设施设备，造成经济损失的意外事件。如火灾、踩踏事故、火车事故、中毒事件等等。

二、主要特点

（一）客观性和复杂性

公共场所安全事故不以人的意志为转移，它由多种原因、多种因素、多种条件构成，而且这些原因、因素和条件往往相互联系，相互影响，甚至相互转化。

（二）突发性和隐蔽性

事件会在何时、何地或何种情况下发生，具有极大的不确定性。而且在很大的程度上是由于危害因素长期以来的不断积累而发生的量变过程，具有隐蔽性。

（三）灾难性和广泛性

这些事件对社会大众的财产和生命会带来灾难和毁灭，这种损害是刚性的，不可逆转的，同时也容易对除发生地以外的地区产生广泛的危害。如2002年底至2003年的“非典”疫情扩散到中国20多个省市区，并波及欧美。

（四）连锁反应性

公共场所安全事件一旦发生，往往会造成连锁反应。如大洪水不仅影响农业，而且影响教育、交通运输、工业生产、商业流通等。洪水退后还可能造成大面积的流行病疫情暴发，房屋和基础设施损毁影响建筑业等。

三、基本类型

（一）环境安全事故

影响环境安全的因素有：农业、工业、第三产业所使用的原材料，生产的产品以及生产过程是否对生态环境造成直接或间接、长期或短期的污染和损害；重大生态和地质变化造成的威胁人类生存的紧急状态，如强烈地震、大火山、大洪水造成的区域性的灾难。

（二）公共卫生安全事故

公共卫生安全事故是指突然发生，造成或者可能造成社会公众健康严重损害的重大传染病疫情、群体性不明原因疾病、重大食物和职业中毒以及其他严重影响公众健康的事件。

（三）学习、生产和工作场所安全事故

主要影响因素是指学习、工作场所建筑物是否稳固，灯光、气体、用水是否有益于健康，生产机械、压力容器、交通运输工具、矿山、煤井、油井以及其他易燃易爆危险品的生产、运输和使用对人们可能产生的明显或潜在的危险。

第二节　公共场所安全事故应对措施

一、公共场所个人安全一般注意事项

1. 进入公众场所时，要提前观察好安全通道、应急出口的位置。

2. 参加户外大型活动时，要提前观察该活动区域的地形，尽量远离不安全区域，尽量跟随客流有序行进。

3. 公共场所切勿堵塞安全门，或在安全通道上堆积杂物；确保消防设施完备，符合应急要求。

4. 发生拥挤或遇到紧急情况时，应保持镇静，在相对安全的地点短暂停留。

5. 注意观察周围地形，寻找安全通道或应急出口的标志，确定自己的方位，随时做好疏散准备。

6. 注意收听广播，服从现场工作人员引导，尽快从就近的安全出口有序撤离，切勿逆着人流行进或抄近路。

7. 撤离时要注意照顾好老人、妇女、儿童等弱势群体，不要拥挤，保证疏散有序。

8. 在自身安全得到保证的前提下进行紧急呼救，拨打报警电话 119，报警时请讲清事故发生的时间、方位，您的姓名及联系方式等。如对事故发生地不熟悉，可提供现场附近具有明显标志的建筑物、大型场所、公交车站、单位名称等。

二、火灾应对措施

(一) 怎样预防火灾

1. 不要随意乱扔烟头。

2. 家里使用明火或电熨斗、电吹风等家用电热器具时人不要离开。

3. 不要躺在床上或沙发上吸烟，尤其是在酒后或疲劳时。

4. 教育小孩不要玩火，并将打火机、火柴等物品放在小孩不容易拿到的地方。

5. 燃放烟花爆竹时，应在相对空旷、安全的区域。儿童不宜自己燃放。

6. 过道里、楼梯上不要堆放物品，安全出口不要上锁。

7. 家庭装修时，要尽量选用难燃并且无毒的装修材料。室内供电线路应套管保护，要按照家用电器功率要求配置电源线和配电盘。

8. 发现家中燃气泄漏，应立即打开门窗通风。千万不要在此时开关电器或使用明火。同时应立即到相对安全的地点报警或与供气部门联系，请专业人员来处理。

9. 不要在有火种的地方使用装有易燃溶剂的按压式喷雾罐，如空气清新剂、香水、花露水、酒精、发胶等。

（二）火场中的紧急避险措施

1. 发生火灾时要迅速判断火势的来源，朝与火势趋向相反的方向逃生。要善于利用身边各种有利于逃生的环境和物品。

2. 不要留恋财物，尽快逃出火场。千万记住：逃离火场后不要再返回。

3. 利用绳索逃生。两手握绳，两脚夹紧，手脚并用直接向下滑。使用的绳索越粗越好，细绳子可以在上面打上若干个结。

4. 利用被单、衣物逃生。把床单、被套、衣服等织物撕成条状连接起来，牢牢拴在门窗、阳台等固定物体上，然后顺着下滑。

5. 利用落水管、避雷针引下线逃生。两手抓紧，两脚夹住落水管或避雷针引下线，手脚并用向下移动。

6. 利用天窗逃生。住在顶楼的人，可通过天窗爬上房顶，向下发出求救信号，等待救援，也可通过旁边的建筑物逃生。

7. 利用阳台、毗邻平台逃生。通过阳台，爬到隔壁安全的地方，或通过窗口转移到下一层的平台逃生。

8. 利用脚手架、雨篷等逃生。如果发生火灾的建筑物周围有脚手架、雨篷等可以攀缘的东西，都可以用来躲避火势，安全逃生。

9. 逃生路线被火封锁，没有其他逃生条件时，应立即退回室内，关上门窗，用毛巾塞紧门缝，把毛毯、棉被等浸湿后罩在门上，并不断往上浇水降温，防止外面的火焰及烟气侵入。有条件的可打开水龙头，把水浇在地面上降温，同时发出求救信号。

10. 在公共场所，如商场、舞厅、影剧院等遇到火灾，千万不要惊慌失措，盲目乱跑，应立即把衣服、毛巾等打湿捂住口鼻，听从指挥，压低身体，向最近的安全出口(通道)方向有秩序地撤离。尽量避免大声呼喊，防止有毒烟雾进入呼吸道。逃生时千万不要拥挤、慌乱，以免发生踩踏惨剧。

(三) 高层建筑发生火灾时怎样逃生

1. 如果门窗、通道、楼梯等被烟火封住，应充分利用救生绳、消防缓降器、救生袋等逃生。

2. 住所如果离楼顶较近，可直奔楼顶平台或阳台，发出求救信号并耐心等待救援人员到来。

3. 绝不能轻易选择往楼下跳。只有在消防队员准备好救生气垫或楼层不高的情况下，或者如不跳楼就会丧命的情况下，才能选择此方法。

三、火车事故应对措施

火车失事前通常没有什么迹象，但是乘客会感觉到急刹车，首先应利用这短短的几秒钟改变成比较安全的坐姿。火车事故发生时通常采用如下逃生自救原则：

1. 远离车门，甚至可以趴下。抓住牢固的物体，以防被抛出车厢。

2. 低下头，下巴紧贴胸前，以防颈部受伤。

3. 如果座位不靠近门窗，可保持不动，若接近门窗，则应尽快离开。

4. 火车出轨向前冲时，不要尝试跳车。

5. 火车停下来后，观察周围的环境如何，不要在火车周围徘徊，等待救援人员的到来。

6. 地铁列车在运行时遇到停电，乘客千万不可扒门离开车厢进入隧道，即使全部停电后，列车上还可维持 45 分钟到 1 小时的应急通风。

7. 火车突然发生碰撞时可以借鉴航空中的做法，上身尽量向前倾，胸部紧靠膝盖，头靠在前排座位椅背上，双手置于头顶，手掌重叠在一起，前臂贴在脸颊上，这样的姿势在碰撞时能尽可能让自己减少伤害。

四、踩踏事故应对措施

(一) 如何避免踩踏

1. 发觉拥挤的人群向着自己行走的方向拥来时，应该马上避到一旁，但是不要奔跑，以免摔倒。

2. 如果路边有商店、咖啡馆等可以暂时躲避的地方，可以暂避一时。切记不要逆着人流前进，那样非常容易被推倒在地。

3. 若身不由己陷入人群之中，一定要先稳住双脚。切记远离店铺的玻璃窗，以免因玻璃破碎而被扎伤。

4. 遭遇拥挤的人流时，一定不要采用体位前倾或者低重心的姿势，即便鞋子被踩掉，也不要贸然弯腰提鞋或系鞋带。

5. 如有可能，抓住一样坚固牢靠的东西，例如路灯柱之类，待人群过去后，迅速而镇静地离开现场。

6. 在拥挤的人群中，要时刻保持警惕，当发现有人情绪不对，或人群开始骚动时，就要做好准备保护自己和他人。此时脚下要敏感些，千万不能被绊倒，避免自己成为拥挤踩踏事件的诱发因素。

7. 当发现自己前面有人突然摔倒了，马上要停下脚步，同时大声呼救，告知后面的人不要向前靠近。

8. 当带着孩子遭遇拥挤的人群时，最好把孩子抱起来，避免

其在混乱中被踩伤。

9. 若被推倒，要设法靠近墙壁。面向墙壁，身体蜷成球状，双手在颈后紧扣，以保护身体最脆弱的部位。

（二）拥挤踩踏发生时怎样有效逃生

1. 遇到人群时选择到人群边缘。

2. 两手十指交叉相扣、护住后脑和颈部；两肘向前，护住双侧太阳穴。

3. 不慎倒地时，双膝尽量前屈，护住胸腔和腹腔的重要脏器，侧躺在地。

4. 在拥挤的人群中，左手握拳，右手握住左手手腕，双肘撑开平放胸前，以形成一定空间保证呼吸。

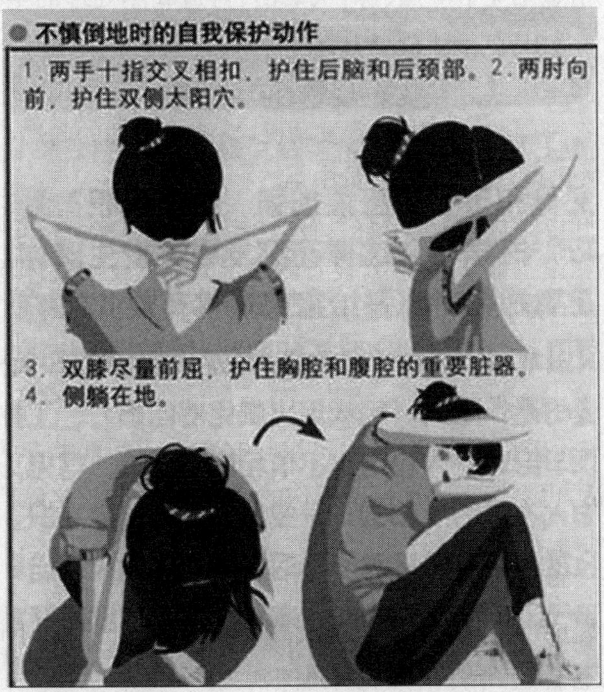

（三）开车时遇到拥挤人群怎么办

1. 切忌驾车穿越人群，尤其是群众情绪愤怒、激动或满怀敌意时。因为如果人群发动袭击，打破窗门，翻转汽车，自己可能受重伤。

2. 倘若自己的汽车正与人群同一方向前进，不要停车观看，应马上转入小路、倒车或掉头，迅速驶离现场。

3. 倘若根本无法冲出重围，应将车停好，锁好车门，然后离开，躲入小巷、商店或民居。如果来不及找停车处，也要立刻停车，锁好车门，静静地留在车内，直至人群拥过。

五、一氧化碳中毒事故

（一）容易引起一氧化碳中毒的作业

1. 冶金工业中炼焦、炼铁、锻冶、铸造和热处理的生产中，产生的废气易引起一氧化碳中毒。

2. 化学工业中合成氨、丙酮、光气、甲醇的生产。

3. 在密闭的汽车内开着发动机，柴油或汽油的内燃机废气中含有一氧化碳，引起车内人员中毒。

4. 在市政施工时损坏煤气管道，会引起劳动者一氧化碳中毒。

5. 在设备检修过程中，设备内残留的一氧化碳气体泄漏会造成劳动者中毒。

6. 矿井放炮、瓦斯爆炸也会造成一氧化碳集聚，引起中毒。

（二）一氧化碳的危害

一氧化碳是高毒化学物，可以引起死亡。严重中毒的病人即便被救活，也会留下永久性脑损伤的后遗症，比如记忆障碍，精神、神经障碍等。

（三）中毒临床表现

1. 轻度中毒：患者可出现头痛、头晕、耳鸣、恶心、呕吐、全身无力、短暂昏迷，治疗后症状可迅速消失。

2. 中度中毒：除上述症状加重外，口唇、指甲、皮肤呈樱桃红色，患者昏迷，如及时抢救可较快清醒，一般无并发症和后遗症。

3. 重度中毒：除具有轻、中度中毒全部或部分症状外，患者可迅速进入昏迷状态，面色苍白或青紫，最后因无法呼吸而死亡。

（四）预防措施

1. 在使用炉灶或燃烧物品时，一定要开窗通风，最好同时打开排风设备。

2. 烟囱和燃烧设备的通气管道一定要保持通畅，要经常检查是否被阻塞，绝不可为了保暖而人为封闭这些管道。

3. 经常检查煤气管道和煤气设备，及时更换老化的连接管道和损坏的设备。

4. 不能在开着发动机的密闭车厢内睡觉。

5. 市政施工时要避免损坏煤气管道。

6. 进入密闭空间或其他高浓度作业区，应先将工作场所充分通风，经检测空气质量达标后方可进入，进入时应有专人在外监护。进入一氧化碳浓度超标的作业场所作业或执行救援任务时，必须佩戴防一氧化碳滤毒罐的过滤式防毒面具，或者使用自主供气式的空气或氧气呼吸器。

第三节　公共场所安全事故案例

一、上海静安区特大火灾事件

（一）事件经过

2010 年 11 月 15 日 14 时，位于上海市静安区胶州路 728 弄 1 号的一栋 28 层高的教师公寓楼突发大火。公寓内住户有 156 户，起火点位于10～12层之间，整栋楼迅速被大火包围，从1楼到28楼，约九成的房屋遭受大火猛烈侵袭。大火导致58人遇难，另有70余人受伤。事故原因是2名无特种作业人员资格证的电焊工人“严重违反操作规程”，导致溅落的火星点燃了脚手架上的竹排和可燃材料，肇事焊工在火灾发生后没有采取扑灭措施，直接逃离现场，将楼内的居民置身火海。楼房四周搭了满满的脚手架，将整幢楼完全包围，外面还包裹着尼龙织网，脚手架上都是毛竹片做的踏板，楼房外立面上有大量的聚氨酯泡沫保温材料。这些尼龙织网、毛竹片、聚氨酯泡沫都是易燃物，特别是聚氨酯泡沫，一旦燃烧就会产生含有剧毒氰化氢的气体，人如果吸入一口就会中毒死亡。而且，聚氨酯泡沫燃烧速度非常快，消防官兵接警后一分钟内立即出动，第一时间赶到现场，却发现整幢高楼早已被浓烟包围，火沿着楼层直往上蹿，而且当时风很大，加速了火势蔓延，瞬间就形成一个大面积、立体式的火场。

上海静安区特大火灾

（二）经验教训

聚氨酯泡沫等易燃装修材料已经成为当前火灾亡人的罪魁祸首。有关部门应尽快出台规定，建筑工地脚手架必须用难燃和不燃材料搭建，杜绝聚氨酯泡沫用于外墙保温和室内装修，必须用难燃的物质代替。其次，对已在正常使用的建筑进行装修是安全生产的大忌，一定要慎之又慎，存在安全隐患的必须坚决叫停。从根本上讲，火灾的成因极其复杂，火灾防范是一个系统工程，需要单位、个人、部门、政府四方形成合力，筑牢社会消防安全"防火墙"。最重要的是，火灾防控基本知识和火场逃生自救知识应该成为公民的基本常识，不断加强宣传教育和社会推广，让每一位公民入心入脑，共同构建平安和谐社会。

如果遇到高层建筑火灾，首先要区分火情，根据不同火情选择不同逃生方法。如果有烟火从门缝进入，说明外面的通道已经被烟火封锁，这时候千万不能开门，要用浸湿水的毛巾、棉被等塞住缝隙，防止浓烟进入。同时要迅速呼救，一是可以用手机向外联络，报告自己所处位置；二是可以向窗外扔有关物品或用毛巾挥舞，引起救援人员注意，发出求救信号；三是如果烟气进入，要用湿毛巾捂住口鼻，迅速逃生。另外，逃生一定要果断迅速，在这次特大火灾里，有 9 名工程人员既不向上也不向下逃生，躲在屋里，结果全部被有毒烟气致死。逃生要尽量走防烟楼梯，逃生前最好用水将衣服浸湿，裹住全身并包住头部、用湿毛巾捂住口鼻。通过浓烟区时，尽可能以最低姿势或匍匐姿势快速前进，万一衣服着火，就地打滚压灭火苗。

二、"7.23"甬温线特别重大铁路交通事故

（一）事件经过

2011 年 7 月 23 日当晚温州市区西部出现强雷电和短时强降

水，有雷雨地区伴有短时强降水、强雷电和7至9级雷雨大风。20时05分，开往福州D3115次列车行至永嘉站时停止不前，列车员说因天气打雷原因，暂停一下，以保安全。20时15分许，D3115次动车驶入永嘉到温州南站区间。此时从北京南开往福州的D301次动车，也疾驶至永嘉站。20时24分许，得到出发信号后，D301次动车也驶入永嘉至温州南区间，两车距离越来越近。20时38分，D301次动车与前方的D3115次动车追尾相撞，两车在温州鹿城区黄龙街道双坳村下岙处追尾，随即爆发出一声巨响，D3115次列车第15、16位车辆脱轨，D301次列车第1至5位车辆脱轨(其中第2、3位车辆坠落瓯江特大桥下，第4位车辆悬空，第1位车辆除走行部之外车头及车体散落桥下；第1位车辆走行部压在D3115次列车第16位车辆前半部，第5位车辆部分压在D3115次列车第16位车辆后半部)。这次事故造成动车组车辆报废7

"7.23"甬温线动车事故

辆、大破2辆、中破5辆、轻微小破15辆，事故路段接触网塌网损坏、中断上下行线行车32小时35分，造成40人死亡、172人受伤。铁道部公布事故原因是作为甬温线通信信号集成总承包商的通号集团履行职责不力，致使为甬温线温州南站提供的LKD2-T1型列控中心设备存在严重设计缺陷和重大安全隐患。铁道部在LKD2-T1型列控中心设备招投标、技术审查、上道使用等方面违规操作、把关不严，致使其在温州南站上道使用。在设备故障发生后，上海铁路局有关作业人员安全意识不强，未认真正确地履行职责，故障处置工作不得力，从而导致D301次列车驶向D3115次列车并发生追尾。

（二）经验教训

"7.23"动车事故是由于温州南站信号设备在设计上存在严重缺陷，遭雷击发生故障后，导致本应显示为红灯的区间信号机错误显示为绿灯。在雷击造成温州南站信号设备故障后，电务值班人员没有意识到信号可能错误显示，安全意识敏感性不强；温州南站值班人员对新设备关键部位性能不了解，没能及时有效发现和处置设备问题，暴露出铁路部门对职工的教育培训不到位。事故反映出现场作业控制不力，温州南站电务值班人员未按有关规定进行故障处理，没能有效防止事故的发生；事故反映出的设备质量、人员素质、现场控制等问题，说明铁路部门的安全基础还比较薄弱。另外铁道部对动车组列车运行中发生的重特大事故应急预案和应急机制不完善、应急处置经验不足，信息发布不及时，对有关社会关切回应不准确等问题，引起社会质疑，造成了负面影响。特别是简单按照以往有关事故现场处置方式，在现场挖坑将受损车头和零散部件放入其中准备掩埋，虽被制止，但在社会上产生了不良影响。

三、湖南湘乡市育才中学踩踏事件

(一) 事件经过

2009 年 12 月 7 日晚 10 时许，湖南省湘潭市辖内的湘乡市私立学校育才中学发生一起伤亡惨重的校园踩踏事件，共造成 8 名学生遇难，26 人受伤。教学楼大体呈回字形结构，大楼四个方向都有楼梯通达一层，楼梯宽度约 1.5 米以上。发生这起事故的楼梯口，位于教学楼与学生宿舍最近的一处。事发当晚，天降大雨。学校规定，晚上 9 时 10 分下晚自习，9 时 30 分就必须熄灯就寝。孩子们为了躲雨，同时为了早点回寝室，都不约而同地选择了这个通道，一时间，人流高度密集，很多同学挤成了一团。人流缓缓挤到二楼至一楼的楼梯间，拥挤变得更加厉害。先是有 1 名女生滑倒，后面潮水般涌上来的人流，一层叠一层地压了上去。在面积只有 3 至 5 平方米的楼梯间，瞬间就堆积了几十人。压在下面的学

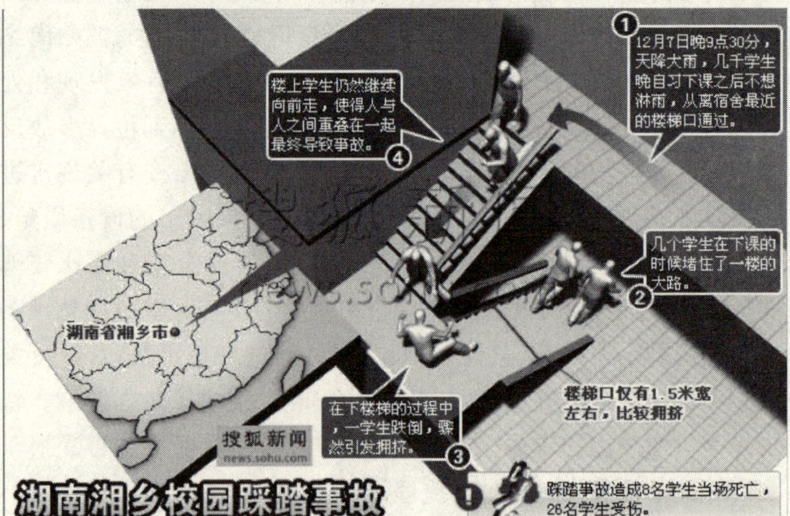

湖南湘乡市育才中学踩踏事件

生，因为严重的挤压、窒息，非死即伤。

导致这次事故的主要原因有4个：一是学校只安排了一名现场看守人员进行安全巡查与现场管理，难以监控全部下楼梯学生；二是学生安全意识不强，自控能力弱，在楼梯间拥挤，是导致事故发生的直接原因；三是因下雨，大部分学生涌向靠近宿舍楼的一号楼梯回宿舍，造成人流量增加，导致事故发生；四是学校没有开展过类似应急演练，也没有在楼梯间安装应急灯与警示标志。

（二）经验教训

学校应充分做好预防踩踏事故的准备工作，必须制定《校园拥挤踩踏事故应急预案》，预案要有针对性和可操作性；要明确责任，加强值班，在学生集中上下楼梯时，要有值班老师组织疏导；要开展安全教育和安全行为的培养，强调安全第一，让老师和学生懂得应对拥挤踩踏事故的措施；要加强检查，完善设施设备，确保通畅。

第十五章　环境污染事故

第一节　概　　述

一、概念

环境污染事故是指由于违反环境保护法规的经济、社会活动与行为，以及意外因素的影响或不可抗拒的自然灾害等原因使环境受到污染，国家重点保护的野生动植物、自然保护区受到破坏，人体健康受到危害，社会经济与人民财产受到损失，造成不良社会影响的突发性事件。

二、环境污染事故的类型

根据事故发生原因、主要污染物性质和事故表现形式等，可以分为七类：

（一）有毒有害物质污染事故

指在生产、生活过程中因生产、使用、贮存、运输、排放不当导致有毒有害化学品泄漏或非正常排放所引发的污染事故。

（二）毒气污染事故

实际是上面事故的一种，由于毒气污染事故最常见，所以另列，主要有毒有害气体有：一氧化碳、硫化氢、氯气、氨气等。

（三）爆炸事故

易燃、易爆物质所引起的爆炸、火灾事故。如煤矿瓦斯、烟花爆竹厂以及煤气、石油液化气、天然气、油漆、硫黄使用不当造成爆炸事故。有些垃圾、固体废物堆放或处置不当，也会发生爆炸事故。

（四）农药污染事故

剧毒农药在生产、贮存、运输过程中、因意外、使用不当所引起的泄漏所导致的污染事故。

（五）放射性污染事故

生产、使用、贮存、运输放射性物质过程中不当而造成核辐射危害的污染事故。

（六）油污染事故

原油、燃料油以及各种油制品在生产、贮存、运输和使用过程中因意外或不当而造成泄漏的污染事故。

（七）废水非正常排放污染事故

因不当或事故使大量高浓度废水突然排入地表水体，致使水质突然恶化。

三、环境污染事故的特征

（一）形式多样性

有核污染，农药、有毒化学品泄漏，溢油，爆炸等事故。产生方式有在生产、贮存、运输中使用和处置不当所引起。

（二）发生的突然性

一般环境污染是常量排污，有其固定排污方式和途径。而突发性事件往往无固定排污方式，在人们意料之外。

（三）危害的严重性

一般环境污染多产生于生产过程之中，短期内排污量少，相对危害小，不破坏正常生活和秩序，而突发性事件，往往在极短时间内一次性大量泄漏有毒物或发生严重爆炸，短期内难以控制，破坏性大，损失严重。

（四）处理处置的艰巨性

由于事故的突发性、危害的严重性，所以很难在短期内控制，加之污染面大，又给处理处置带来了困难。

（五）规律性

突发性环境污染事故有其难以预料的一面，但也有其规律性一面，即污染源集中处（生产、使用、贮存、运输）是突发事故的发生源，工艺落后，制度不健全，管理不善，防范不足是发生事故的直接原因。

四、环境污染事故的危害

环境污染事故往往在很短的时间内造成大量人员死亡和受伤、重大的经济损失、社会不安定和恐慌、局部地区生态严重破坏。由于几率很小、发生突然、污染物扩散迅速，后果严重，使环境监测、处理处置非常困难，成为环境监测研究中的重点和难点。

第二节　公众个人应对措施

一、液氯泄漏事故

氯气是一种常温下呈淡黄绿色、具有刺激性气味的剧毒气体。

氯气可损害人全身器官和系统，少量氯气可以引起呼吸困难，激发哮喘病人发生呼吸困难，甚至休克。氯气进入血液可以同许多物质发生化合作用，引起神经功能障碍，杀伤和破坏血细胞。严重者可致全身性水肿，电解质失衡。大剂量氯气可以两分钟内致人缺氧并发生急速中毒死亡。

（一）氯气中毒的临床表现

1. 刺激反应：出现咳嗽、气喘、流泪症状，一旦脱离暴露，症状会逐渐消失。

2. 轻度中毒：出现呛咳、可有少量痰、胸闷。

3. 中度中毒：出现呛咳、咯痰、气急等，可伴有轻度紫绀。

4. 重度中毒：出现咳嗽，气短或气喘，咳粉红色泡沫痰，甚至呼吸窘迫。

5. 眼睛接触：高浓度氯气会使眼睛疼痛，有分泌物。

6. 皮肤接触：皮肤接触烧伤的部位发红、疼痛加重或出现炎性分泌物。

（二）发生氯气泄漏事件时的现场抢救要点

1. 一旦发生氯气泄漏，应立即用湿毛巾捂住嘴、鼻，往侧风或背风方向快跑到空气新鲜处。

2. 眼睛接触：立即用水冲洗至少15分钟，并迅速进行医务处理。

3. 吸入：必须将人员移到空气清新处，若呼吸困难，给予吸氧，若停止呼吸，则人工呼吸。

4. 皮肤接触：立即用大量水冲洗，冲水时脱掉被污染的衣服和鞋。

5. 在抢救和救治时应特别注意加强通风及吸氧。

（三）预防措施

1. 氯气作业工人应进行就业前及定期体检，患有慢性支气管炎等禁忌症者不宜从事氯气作业。

2. 工作或急救时应选用耐腐蚀的工作服及防毒口罩。

3. 防护皮肤污染，可选用3％氧化锌油膏。

4. 钢瓶应直立在通风设施良好的卡车上进行运输，不要在人员乘坐的车厢内运输。

二、氨中毒事故

氨为无色、具有强烈刺激性臭味的气体，比空气轻，与空气混合时，能形成爆炸性气体。

（一）容易引起氨中毒的作业

1. 浓氨可直接制作氨水，用作农业肥料；氨气可用于制造硫胺、尿素等多种化肥。

2. 制药、塑料、农药、合成纤维等工业中及工业用的清洗液中都含有氨。

（二）氨中毒的临床表现

1. 轻度中毒：氨对上呼吸道黏膜及眼有强烈刺激，引起眼睛红，咽痛、咳嗽。

2. 中度中毒：声音嘶哑、胸闷；呼吸频速、甚至憋气，呼吸困难

3. 重度中毒：剧烈咳嗽、咯大量粉红色泡沫痰、气急胸闷，呼吸困难、明显发绀。

4. 皮肤接触：皮肤与含有氨的液体接触，可引起碱烧伤，局部红肿，有水泡。

5. 眼睛接触：高浓度的氨气或溶液与眼睛接触，会导致眼烧伤甚至失明。

（三）现场抢救要点

1. 一旦发生事故，用湿毛巾尽量捂住口鼻，切忌到处乱跑，以免增加氨的吸入。

2. 眼接触：发生眼被氨灼伤时，应及时用 3%硼酸液或清水彻底冲洗，至少 15 分钟。

3. 经口摄入：误服者给饮牛奶，忌洗胃，不要催吐，不能服用活性炭。

4. 吸入：必须立即将人员转移到空气新鲜处，保持呼吸道通畅。

5. 皮肤接触：发生皮肤灼伤时，应迅速用 3%硼酸液或清水充分冲洗。

6. 在抢救和救治时应特别注意加强通风及吸氧。

（四）预防措施

1. 氨作业工人应进行作业前体检，患有严重慢性支气管炎等禁忌症者不宜从事氨作业。

2. 工作时应选用耐腐蚀的工作服及防毒口罩。

3. 使用氨水时，作业者应在上风处，防止氨气刺激面部。

4. 操作时严禁用手揉擦眼睛，操作后洗净双手。

5. 防护皮肤污染，可选用 5%硼酸油膏。

三、正己烷中毒事故

（一）容易引起正己烷中毒的作业

1. 胶粘剂的配制过程，如制鞋、箱包生产，家具制造。

2. 作为清洗剂的使用过程，如印刷、电器制造。

3. 在植物油提取，化验试剂生产和橡胶合成过程中，有时也会使用到。

（二）正己烷中毒的症状

1. 急性中毒：表现为眼痛、眼涩、流泪、咳嗽、恶心、头晕等。

2. 慢性中毒：分为轻度和重度。轻度中毒主要表现为手指和脚趾双侧对称性麻木、发凉、痛觉降低、手脚易疲劳、疼痛等；重度中毒主要表现为手、脚、胳膊和腿双侧对称性发麻、刺痛、乏力、走路困难、上楼费力和抽筋等，同时还会出现头疼、头晕、食欲减退等症状。情况严重者会出现不能站立行走，甚至肌肉萎缩。

（三）预防措施

1. 工作场所保持良好的通风。

2. 工作时穿工作服，戴手套、口罩和帽子。

（四）急性和慢性中毒的处理

1. 急性中毒时需要立即脱离接触环境，严重者要立即送往医院。

2. 长期接触正己烷的作业工人应该定期到医院体检，一经发现有异常，应该立即停止接触，情况严重者应住院治疗。

四、铅中毒事故

（一）容易引起铅中毒的作业

1. 铅矿开采、烧结、精炼、含铅金属和合金的熔炼。

2. 蓄电池制造，废旧蓄电池回收及加工，印刷业铸字和浇板。

3. 电缆包铅，自来水管道、食品罐头及电工仪表元件焊接。

4. 拆修旧船、桥梁、建筑物时的焊割作业。

5. 用铅化合物制做颜料、油漆、橡胶、塑料、玻璃、陶瓷、炸药等。

（二）铅中毒临床表现

1. 慢性中毒：早期症状常不明显，多表现腹部隐痛、腹胀、便秘等；病情加重时，可出现腹绞痛、贫血和轻度周围神经病；重者可有铅麻痹、中毒性脑病等。

2. 急性中毒：多因消化道吸收引起。常在口服铅或铅化合物数小时后发病。患者表现为食欲突然急剧减退，甚至不能进食，恶心、呕吐、便秘、腹胀、阵发性腹绞痛、面色苍白、出冷汗、烦躁不安、血压升高；重者发生中毒性脑病，出现痉挛、抽搐、甚至谵妄、高热、昏迷和循环衰竭；此外可有中毒性肝病、中毒性肾病及贫血；也可出现麻痹性肠梗阻。

3. 典型症状：铅绞痛是铅中毒的典型症状，接触较高浓度铅的劳动者出现腹痛，应首先考虑铅中毒性铅绞痛的可能。铅绞痛是腹部持续性疼痛，常阵发性加剧，难以忍受，部位多在脐周或下腹部，少数在上腹部，发作前常有腹胀或顽固性便秘。

（三）预防措施

1. 避免开放式接触铅作业。

2. 工作场所注意通风。

3. 作业时应穿防毒工作服，戴手套。

4. 禁止在工作场所饮食、吸烟。

5. 下班后认真洗澡，换洗工作服。

6. 作业场所空气中铅浓度超标时，应佩戴过滤式防尘口罩或电动送风式呼吸器。

（四）铅中毒的处理

一旦发现中毒病人应首先使病人脱离接触，并在医生指导下进行驱铅治疗。

五、苯中毒事故

（一）容易引起苯中毒的作业

1. 苯乙烯、苯酚、药物、农药、合成橡胶、塑料、洗涤剂、染料、炸药等的制造。

2. 生药的浸渍、提取、重结晶，以及油墨、树脂、人造革、胶粘剂和油漆等的制造和使用。

3. 苯的制造，如焦炉气、煤焦油的分馏、石油的裂化重整与乙炔合成苯。

（二）可能导致的职业病

1. 苯中毒。

2. 白血病。

3. 再生障碍性贫血。

（三）苯中毒后早期症状及特异性临床特征

1. 早期症状：轻度中毒时犯困、头痛、头晕、恶心、呕吐、心慌；重度中毒可出现视物模糊、震颤、呼吸浅或慢、抽搐和昏迷等。

2. 特异性临床特征：瞳孔散大、对光反应消失、脉搏细弱、血压下降、心音微弱或心律不齐等，最终可因呼吸中枢麻痹而死亡。中毒几小时后，皮肤及黏膜可出现瘀点或瘀斑。

（四）预防措施

1. 盛苯容器严加密闭，作业场所加强通风，张贴警示标识。

2. 用苯作业时严禁明火、高热，使用防爆电器和照明设备。

3. 高苯作业穿防毒物渗透工作服，戴橡胶手套和防护眼镜。空气浓度超标时，佩戴过滤式防毒口罩或面具。

4. 工作场所禁止饮食、吸烟，作业完毕后及时换洗工作服。

5. 提供事故淋浴和洗眼设施。

6. 应急救援时，佩戴过滤式防毒口罩，没有防毒口罩或防毒服装不得进入事故现场。

（五）急性和慢性中毒的处理

1. 急性中毒

(1) 应立即脱离中毒现场，将中毒者移至空气新鲜、环境安静处，换去污染的衣物；

(2) 给予精神安慰，克服紧张情绪，保证患者绝对卧床休息，防止过分躁动；

(3) 苯溅入眼内，应立即用清水彻底冲洗；

(4) 经紧急处理后，及时去医院就诊。

2. 慢性中毒

(1) 若常有头晕、头痛、乏力、失眠、记忆力减退等症状或容易感染并有出血倾向需要去医院就诊；

(2) 慢性苯中毒无特效解毒药，一经确诊，即应调离接触苯及其他有毒物质的工作。

3. 医院就医时应向医生提示的内容

(1) 从事过的职业及时间；

(2) 目前工作的种类及作业场所环境；

(3) 症状出现的时间及类型；

(4) 生活习惯、疾病史和家族史(家人患病情况)等。

第三节　环境污染事故案例

一、"3.29"京沪高速公路淮安段液氯泄露事故

(一) 事件经过

2005年3月29日晚7时许，在京沪高速公路淮安段，一辆满载30吨液氯的大型槽罐车左前轮突然爆胎失控后撞上一辆解放牌货车，两车均翻倒。槽罐车中的液氯泄漏后弥漫了现场周围的数个村庄，造成大约300多名村民氯气中毒。事故发生后，货车司机康兆永向高速公路交管部门打电话报告，但并没有说明是什么危险化学品。随后，他与副驾驶王刚(押运员)在安全地带停滞至当晚10时左右，才绕道乘出租车逃至南京，与他们所在公司南京办事处人员取得联系，后经人劝说，于3月30日下午5时向南京警方投案自首，淮安警方当晚将其带回淮安。30日早晨5时40分左右，由于槽罐车阀门内的一个木塞脱落，导致第二次液氯泄

"3.29"京沪高速公路淮安段液氯泄露事故现场

液氯泄露导致农作物受灾

漏，造成现场部分工作人员受伤。事故处理人员在现场发现，这辆肇事车标示吨位为 15 吨，但据康兆永交待，实际装载 29.44 吨，属严重超载。本次液氯泄露事故造成 28 人死亡，共有 356 人入院接受治疗，受灾农作物面积 2 万多亩，畜禽死亡 1.5 万头(只)，当地政府紧急疏散了 3 000 户村民，并造成京沪高速公路宿迁至宝应段关闭 20 个小时。

（二）经验和教训

1. 没有第一时间弄清现场实际情况，错过最佳急救时机。“3.29”事故的一个惨痛教训，就是肇事驾驶员逃逸，未能报告事故的真实情况。致使接警后只当作一般的交通事故处理，未能作出正确的判断和处理决策，导致人员的重大伤亡和财产损失。因此，当接到事故报告后，应尽可能弄清现场真实情况，并依据事故的类别，规模，性质，特点等积极有效地组织应急救援行动。

2. 救援各部门协调存在一定问题，各自为政。在事故初期，没有统一指挥、统一协调、统一行动。

3. 群众缺乏应急自救和防护常识。“3.29”事故暴露出群众缺乏应急知识、缺乏自我保护意识的问题。有些群众虽然看到毒气在弥漫，但没有引起重视。在看到危害发生时，却不知道如何防护和自救，致使有些群众束手无策，在很短时间内就出现中毒现象，教训深刻。因此，在群众中开展科普知识的宣传，提高自我保护意识和技能，具有重要意义。

4. 缺少防护设备和专业救援知识。医疗急救机构和人员，没有专业培训知识和急救器材以及个人防护设备，给急救人员带来不安全隐患，也给深入危险地带抢救人员造成困难。“3.29”事故中有 36 名武警官兵不同程度中毒，给抢救工作带来一定的影响。

5. 危险物品运输安全管理存在的问题。多头管理，责任不明、监管乏力，无证、非法运输大量存在，运输从业人员素质低下，只求利润，不顾安全，缺乏必要的危险物品常识，遇紧急情况处置不当，措施不力，超载普遍，转运困难，职权所限，交管部门难有作为。

二、陕西凤翔铅中毒事件

（一）事件经过

2009 年 3 月 16 日，陕西省凤翔县长青镇长青工业园区内的马道口村村民苗建科发现 6 岁女孩苗凡脾气大，食欲不振，记忆力下降，随后到医院检查被诊断为铅中毒性胃炎。继苗凡之后，部分马道口村村民带着孩子到宝鸡检查，全部“血铅超标”。范围扩大到孙家南头村，该村的孩子也被检出“血铅超标”。村民自发检测中有 138 名孩子“血铅超标”，怀疑是长青工业园区内的东岭冶炼有限公司污染造成。4 月份苗建科向长青工业园管委会报告了孩子病情，但至 8 月 6 日仍无果。8 月 3 日至 4 日，情绪激动的村民围堵了东岭冶炼公司大门，双方发生冲突。8 月 6 日，《华商报》报道上百名儿童血铅超标之事后，引来全国关注。根据凤翔县政府公布的数据，长青镇 3 个村 1 016 名受检儿童，851 人血铅超标。15 日晚，陕西凤翔县宣布儿童血铅超标主要原因是陕西东岭冶炼公司的铅排放。

（二）经验和教训

陕西东岭冶炼公司计划进驻工业园区后，村民居住地没能及时得到搬迁，致使群众受到严重的环境污染危害是造成该事件的主要因素。事件发生后，有关部门没能第一时间对群众上报的情况进行调查和处置，从而导致发生冲突，引发更大的信任危机。

第十六章　工矿企业安全事故

第一节　概　述

一、概念

工矿企业安全事故是指林区、矿区、油田和化工、交通运输、军工、地质和储备等工矿企业在生产经营活动中突然发生的，伤害人身安全和健康，或者损坏设备设施，或者造成经济损失的，导致原生产经营活动暂时中止或永远终止的意外事件。

二、工矿企业重大安全隐患

1. 危险化学品使用场所不符合安全要求，设置在人员相对密集的生产经营区域；

2. 危险化学品仓库未独立设置，未与员工宿舍保持安全距离；

3. 危险化学品仓库未分类储放、未安装防雷设施、报警装置和防暴电器等安全防护措施；

4. 粉尘车间、洁净车间、涂层烘干室等危险作业场所未经消防验收或不符合安全要求；

5. 锅炉、压力容器、货梯等特种设备不符合安全要求；

6. 生产经营场所存放过量易燃易爆物品的，可燃物堆放在人员密集场；

7. 电力设备不符合安全规定，或电线裸露、乱接乱拉，容易引发触漏电事故；

8. 违章搭建占用消防通道，或其他固定物体堵塞消防通道；

9. 存在严重的车间、仓库、宿舍“二合一、三合一”现象的。

第二节　公众个人应对措施

一、煤矿瓦斯爆炸事故

瓦斯是井下以甲烷为主要成分的有毒、有害气体的总称。它具有如下特点：无色、无味、无臭、比空气轻；有很强的扩散性、渗透性；具有燃烧性和爆炸性；当井下的浓度过高，还会引起人的窒息死亡。

(一) 瓦斯爆炸事故的特点

1. 事故地点多发生在采煤与掘进工作面，且多由火花引爆；

2. 造成的破坏波及范围大；

3. 高瓦斯矿井、低瓦斯矿井均有发生；

4. 基建、技改矿井和转制矿井瓦斯爆炸事故多发。

(二) 瓦斯爆炸前的预兆

爆炸前，附近的空气有颤动的现象发生，有时还发出“咝咝”的空气流动的声音。

(三) 个人应急处理

1. 发现爆炸预兆，应立即停止作业，迅速撤离，并立即报告。

2. 当听到或感觉到爆炸声响和空气冲击波时，要立即背朝声响和气浪传来方向，脸朝下，双手置于身体下面，闭上眼睛迅速卧倒。头部要尽量低，有水沟的地方最好趴在水沟边上或坚固的障碍物后面。

3. 要立即屏住呼吸，用湿毛巾捂住口鼻。用衣服将自己身上的裸露部分尽量盖严。同时迅速取下自救器戴好。

4. 高温气浪和冲击波过后应立即辨别方向，尽快逃离灾区。

5. 无法逃离灾区时，应立即进入避难硐室，设法发出求救信号。

二、硫化氢中毒事故

硫化氢为无色，具有臭鸡蛋样气味，溶于水，密度比空气小，具有窒息性和刺激性的有毒气体，常常存在于池、罐、地窖、储藏室这样的密闭空间中。主要经呼吸道吸入，也可经皮肤吸收，对眼睛、呼吸道等黏膜有较强刺激性。主要损害中枢神经系统和呼吸系统，也会伴有心脏等多器官的损害。浓度过高时，由于对嗅神经有麻痹作用，气味反而不易嗅出，因此，绝对不能凭嗅觉来区别硫化氢浓度的高低。

（一）容易引起硫化氢中毒的作业

1. 采煤、采矿、钻井及橡胶、人造丝、造纸、颜料的生产。

2. 菜腌渍、甜菜制糖、动物胶的生产。

3. 开挖和整治沼泽地、沟渠、水井、下水道。

4. 清除垃圾、污物及粪便。

5. 天然气、矿泉水的生产。

（二）中毒症状

1. 接触反应：眼刺痛、流泪、结膜充血、咽部灼热感、咳嗽或有头痛、头晕、乏力、恶心等症状，脱离接触后在短时间内可消失。

2. 轻度中毒：有明显的头痛、头晕、乏力等症状，并出现轻度至中度意识障碍，急性气管-支气管炎或支气管周围炎。

3. 重度中毒：出现肺水肿，多脏器衰竭，深昏迷，接触高浓度硫化氢时可能发生闪电型死亡。

（三）预防措施

1. 接受岗前培训，掌握预防中毒的相关知识，提前了解作业场所的职业危害。

2. 注意工作场所内设置的相关警示标识。

3. 进入密闭空间作业前注意检测环境中是否存在硫化氢。

4. 现场工作需佩戴个体防护装备，有条件最好配备现场快速检测硫化氢的设备。

5. 定期检查、维护个体防护设备，确保其可靠性。

6. 进入可能产生硫化氢的现场时需要严格遵守操作规程，不要单独作业。

7. 保持良好的通风。

（四）急性中毒的处理

1. 一旦闻到臭鸡蛋气味就应警惕是否有硫化氢气体存在。

2. 一旦发生硫化氢中毒，现场救援人员在没有个体防护的情况下不能贸然进入现场。

3. 救援人员必须穿戴有效的防护服、防护靴、橡胶手套，并配备携气式全面型呼吸防护器。

4. 迅速将病人转移到空气新鲜处，保持病人的呼吸道通畅，有条件的应立即给予氧气吸入。

5. 如果硫化氢中毒现场属于密闭空间，应首先对事故现场进行通风，降低现场硫化氢浓度。

6. 若病人呼吸停止需立即进行人工呼吸时，应注意自我保护，避免施救者中毒。

7. 如中毒患者衣物被污染,应迅速脱去污染的衣物。

8. 用清水冲洗接触到硫化氢的眼睛或皮肤,并立即将病人送医院救治。

三、粉尘污染事故

(一) 容易产生粉尘危害的作业

1. 煤矿和矿山开采;
2. 选矿、冶炼、石料粉碎加工;
3. 开挖隧道、筑路;
4. 水泥生产;
5. 石棉生产。

(二) 粉尘作业可能导致的职业病

接触生产性粉尘可导致尘肺病,尘肺病是指因吸进生产性粉尘而引起的以肺组织弥漫性肺纤维化为主的全身性疾病。最重要且常见的尘肺病有:矽肺、煤工尘肺、石棉肺。

(三) 尘肺病的临床症状

早期尘肺病人一般无特殊症状和体征,随着病变的进展及合并症的出现,则可出现不同的症状,主要有咳嗽、咳痰、胸痛、呼吸困难四大症状,也可有喘息、咯血、消化功能减弱、胃纳差、腹胀、大便秘结、全身乏力等症状,严重者可导致劳动能力丧失。

(四) 预防粉尘危害的主要措施

1. 改善工作环境和操作方法,控制粉尘的产生和扩散,使工作场所粉尘浓度达到国家职业卫生标准。

2. 使用防尘口罩。防尘口罩(面罩)的正确用法如下:

(1) 必须选择性能可靠,达到相关标准要求的口罩(面罩);

(2) 工作时要始终佩戴;

(3) 佩戴要严实,吸气时,粉尘不能从脸和防尘口罩(面罩)的缝隙间进入；

(4) 防止挤压变形；

(5) 定期更换滤膜。

3. 尽早发现、正确诊断和处理尘肺病。

4. 预防肺结核、支气管炎、肺炎、肺气肿等并发症。

四、烟花爆竹爆炸事故

(一) 烟花爆竹对人体的危害

烟花爆竹的炮药是黑火药，其主要成分是硝酸钾、硫黄和木炭。为了增加鞭炮的响度，炮药中有时加入了氯酸钾作为氧化剂，炮药一经点燃，迅速发生化学反应，产生氯化钾，硫化钾，硫化氢，二氧化碳，一氧化碳，以及少量的氰化钾。其中硫化钾，二氧化硫是有毒物质；硫化氢是强刺激性气体，且毒性较大，一氧化碳可使人窒息中毒；而氰化钾是剧毒物质，这些化学物质对呼吸系统、神经系统和心血管系统的一系列的疾病起着“推波助澜”的作用。烟花爆竹燃放时的爆炸声可达 130 分贝以上，远远超过人的听觉范围和忍耐限度，若在耳边炸响，往往能造成爆炸性耳聋。

(二) 烟花爆竹爆炸事故个人应对措施

烟花爆竹生产安全事故中，迅速开展自救、互救和抢救，可以减少伤亡和财产的损失。

1. 卧倒自救

当烟火药剂发生燃烧时，首先出现的是火光或闪光。此时，在一定距离内的人应立即就地卧倒，且脚朝炸点方向，尽量选择躲入桌凳、梯架或其他较坚固的防护屏障之后，以防砖块异物等落下时击伤大脑。

2. 离开自救

事故发生瞬间，现场秩序极为混乱，尤其是带药作业场所。一般情况下，初期的小量的燃烧、爆炸可迅速转化为大面积、大量药物瞬间爆炸，现场人员应迅速离开现场。即使爆炸停止了，伤员也应全力挣扎逃出危险区，沿难以被冲击波强力作用摧毁的防护屏障方向行走，以防事故扩大。

3. 滚地自救

烟火药由燃烧转为爆炸，或爆炸后引起猛烈燃烧和高温热辐射等，都可能导致现场人员及物品着火。此时，不可惊慌乱跑，以免火借风势烧得更旺，现场人员应迅速滚离高温热辐射及火焰席卷区域。衣服燃烧后，应迅速往安全和有施救人员的地方滚，或用湿衣物、麻袋等迅速披盖身上，或迅速脱下、撤掉身上燃着的衣物，或就地打滚扑灭身上的火苗。

4. 止血自救

事故中的爆炸造成的身体撕裂、流血，特别是动脉出血，必须迅速进行止血自救，否则数分钟内就可能危及生命。因此，不要坐等来人救援，一般应迅速采取指压法止血，或撕下布条用嘴、手捆扎，压住出血口上方进行止血。

第三节　工矿企业安全事故案例

一、江西“8.4”重大烟花爆竹药料爆炸事故

(一) 事件经过

2000 年 7 月 31 日，江西籍黄某未经相关部门许可，私自租用一辆解放牌货车，从内蒙古集宁某烟花爆竹生产厂将装有烟花爆竹相关物资的货物运往江西。货物包括药料硝酸钾、氯酸钾约 300 公斤，硫黄约 50 公斤，亮珠和混合药等约 300 公斤，2 袋已装

药的 10～13 厘米的高空礼花弹，以及装擦炮的纸盒、烟花空纸筒、包装纸、油腊纸等物，共约 1.5 吨。货车内同时载有宝马牌轿车一辆，轿车装在货车车厢后部，烟花爆竹药料装在车厢前部。为防雨防震和伪装，在车厢前部垫了两层纸箱板后，摆放了袋装的烟花爆竹药料和成品，然后放烟花空纸筒、包装纸等并盖了蓬布。

8 月 1 日下午 6 时，黄某乘雇用的解放牌货车(同车共 4 人)从集宁启程。8 月 3 日，车经河南确山、湖北武汉、湖南岳阳等地时均遇到降雨，遇雨累计达 20 余小时。8 月 4 日上午 9 时许到达江西萍乡市上栗县，中午 11 时 30 分开始卸货，黄某将约 300 公斤的

江西“8.4”重大烟花爆竹药料爆炸事故

亮珠、混合药、硫黄和部分包装材料直接卸到自用的凯特牌小货车上，并加盖了蓬布将该车开到自家门前6.8米处，另将硝酸钾、氯酸钾、2袋礼花弹和其他几袋原材料卸到自家的1层通道里。14时45分，凯特牌小货车发生爆炸，又引发了堆放在通道里的药料爆炸，造成27人死亡、26人受伤，1幢楼房全部垮塌、2幢严重受损，2辆汽车损坏。

事故原因：黄某从内蒙古集宁市非法运回的亮珠等烟花爆竹药料长时间在雨中吸湿、受潮，产生化学反应，不断积累产生热量，加之中午太阳直晒的温度较高，达到亮珠着火点，从而引发爆炸。

（二）经验和教训

1. 安全意识差

一些传统危险物品产区的群众对危险物品熟视无睹，对事故隐患麻木不仁，安全意识差。

2. 缺乏技术且存有侥幸心理

黄某未经过专门技术培训，不掌握烟花爆竹的技术知识，但又未聘用科技人员，生产烟花爆竹仅靠传抄的不正规配方，凭经验进行生产。从事故发生的情况看，他对亮珠、混合药吸湿发热引爆的科学原理不甚了解，存在着盲目或侥幸心理。

二、重庆开县“12.23”特大井喷事故

（一）事件经过

2003年12月23日22时，地处重庆市开县高桥镇的中石油川东北天然气矿一矿井发生井喷，致243人硫化氢中毒死亡，大面积污染，数万人逃离家园。“井喷”发生在罗家16号井，其所在气田共有五六百亿立方米的天然气储量，是西南地区的大气田，同时也是高含硫气田。川东气矿作为业主和甲方，将16号井承包给乙方四川石油管理局川东钻探公司开采，二者同属中国石油天然气集

团公司。16 号井由四川石油管理局川钻 12 队承钻，位于重庆市开县高桥镇晓阳村境内。这口井设计井深 4 322 米，水平横穿 700 米，2003 年 5 月 23 日开钻，2003 年 12 月 23 日 21 时 55 分，矿井突然发生井底溢流，造成井喷失控。发生井喷时，钻井队正在将钻杆从井里提出，气体从钻杆旁的缝隙里喷出来，含有硫化氢的气体喷射 30 米高，失控的有毒气体在空气中迅速扩散，导致短时间内发生大面积灾害。事发地重庆市开县高桥镇一度被笼罩在恐怖之中。

（二）救援措施

1. 疏散和搜救周围群众。井喷事故发生后，四川石油管理局川钻 12 队队长、指导员在采取井控措施无效的情况下，立即组织人员开始疏散井场外围人员及周边群众。23 日 24 时，井队人员全部撤离井场。25 日晚，事发地方圆 5 公里内的 4.1 万多名群众被疏散到安全地带。

2. 实施压井，有效控制井喷。27 日压井成功，井内压力平衡，且相对比较稳定，不会再发生新的井喷。至此，井喷得到控制。

3. 对事故现场进行消毒，启动灾后重建。27 日，有关部门组织 150 多名卫生防疫人员，分成 13 个小组，挨家挨户对灾区进行消毒及卫生检查工作。从 28 日上午开始，600 多名工作人员开始对污染区进行消毒处理，29 日上午完成。接着，灾民陆续返回家园，恢复正常生活秩序。

（三）经验和教训

“12.23”特大天然气井喷事故是新中国成立以来最严重的一起油气井喷事故。整个事故的过程给我们留下了极其深刻的教训。

1. 违规操作是造成井喷的直接原因

负责调查事故原因的专家组经过 5 天的紧张工作，得出了事

重庆开县“12. 23”特大井喷事故现场

故原因的初步结论：重庆开县“12. 23”井喷事故是一起特大责任事故。产生井喷的主要原因是有关人员对这口气井的特高出气量预测不足，在起钻过程中违章操作，不按规定灌注钻井液，未能及时发现溢流征兆。专家指出，有关人员违章拆卸钻柱上的回压阀（防井喷的装置），是导致井喷事故的直接原因。

2. 事后没有立即致电所在地政府，延误了群众疏散工作

钻井队在事故发生的第一时间里，没有通知仅距不到 1 公里远的高桥镇政府，延误了群众疏散。如果井喷后，钻井队能够在第一时间向当地政府通报，使群众尽早撤离，就可以最大限度减少事故伤亡人数。井喷发生是 12 月 23 日 21 时 55 分，县政府得知消息是 23 时 25 分，中间相隔 1 个半小时。据悉，在事故发生后，钻

井队首先通知了所属单位，然后向重庆市政府和安全生产监督管理部门报告，之后才由市政府将这一消息传达至开县县政府，开县县政府再通知高桥镇镇政府。这样，距离灾难现场最近的镇政府反而最晚获知灾情。

3. 企业对气井选址的安全问题考虑不够

罗家 16 号井地处高桥镇的一个山坳之中。在周围 1 平方公里的山坡上，居住着高桥镇晓阳村和高旺村的 2 400 多人，村民集中区距离气井不过几百米远，最近的住户距离井口还不到 50 米。如果这口井建在远离村庄的地方，损失会小得多。正是由于起初对气井选址问题考虑不够，致使事故造成了重大的人员财产损失。

4. 企业的安全制度存在漏洞，缺乏应对突发事件的能力

按照规定，每口气井都应备有作业指导书，用于记载作业记录和应急条例。但罗家 16 号井的作业指导书只记录到 2003 年 9 月 15 日。可见，企业执行安全制度存在问题，造成事故在发生后未能得到及早的控制。而且，像川东北气矿这样的高危险性企业，应当按照有关规定制定事故应急预案，进行事故演习，以备事故发生时紧急实施。但从相关纪录来看，川东北气矿并没有制定应急预案，也没有进行过任何事故演习，使工作人员缺乏应对突发事件的能力。

5. 没有对周围居民进行安全告知与相应的教育工作

新建一个设施，周围的村民有权知道有没有危险，会不会造成污染。但 16 号井附近的居民却被剥夺了知情权，他们丝毫不知道这口井喷出来的气体具有强烈的毒性，钻井队也从来没有告诉过他们如何防范有毒气体。以至于事故发生时，一些村民还在好奇地观看，根本不知道躲避。如果周围的居民提前得到相应的安全教育，有足够的防护知识，事故造成的损失将大大缩小。

三、常熟凯兰集团有限公司“10.1”硫化氢中毒事故

（一）事件经过

1998年9月28日，常熟凯兰集团有限公司技术发展部发出国庆节日期间检修工作通知，其中一项任务就是要求污水处理站宋某和周某，再配一名小工于10月1日至10月3日进行清水池清理，并明确宋某全面负责监护。10月1日下午1时左右开始清理清水池，外来临时杂工徐某头戴防毒面具下池清理。约在下午1时45分，周某发现徐某没有上来，预感情况不好，当即喊叫“救命”。这时2名租用该集团公司厂房的个体业主施某、邵某闻声赶到现场。周某即下池营救，施某与邵某在洞口接应。在此同时，污水处理站站长宋某赶到后，听说周某下池后也没有上来，随即下池营救，并嘱咐施某与邵某在洞口接应。宋某下洞后，邵某跟随下洞，站在下洞的梯子上，上身在洞外，下身在洞口内，当宋某挟起周某约离池底50公分高处时，叫上面的人接应，因洞口直径小，邵某身体较胖，一时下不去，接不到，随即宋某也倒下，邵某闻到一股臭鸡蛋味，意识到可能有毒气。在洞口边的施某拉邵某一把说：“宋刚下去，又倒下，不好！快起来。”邵某当即起来，随后报警110。刚赶到现场的公司保卫科长沈某见状后即报警119，请求营救，并吩咐带氧气呼吸器。4～5分钟后，消防人员赶到，救出三名中毒人员，急送常熟市第二人民医院抢救。结果，抢救无效，于当天2时50分三人全部死亡。

事故原因：直接原因是清水池内积聚大量超标的硫化氢气体，在未作排放处理的情况下，清理工未使用切实有效的防护用具，贸然进入池内作业，引起硫化氢气体中毒。间接原因，一是清洗清水池的人员缺乏安全意识，对池内散发出来的有害气体危害的严重性认识不足，违反公司制订的清洗清水池的作业计划和操

作规程，在未经多次冲水排污，没有确认有无有害气体的情况下，人员就下池清洗，结果造成中毒；二是职工缺乏救护知识。当第一个人下池后发生异常时，第二个人未采取有效个体防护措施贸然下池救人。更为突出的是，当两人已倒在池内，并已闻到强烈的臭鸡蛋味时，作为从事多年清理工作的污水处理站站长，竟然也未采取有效个体防护措施，跟着盲目下池救人，使事态进一步扩大，造成三人死亡；三是公司和设备维修工程部领导对清水池中散发出来气体的性质认识不足，不知其危害的严重性，对职工节日可能会出现违章作业的情况估计不足，放松了教育和现场监督；四是出事当天，气温高达 31℃，加速池内硫化氢挥发，加之池子结构不合理，硫化氢气体无法散发，造成大量积聚。

（二）经验和教训

1. 要全面落实安全生产责任制，健全各项安全规章制度，修改和完善清理清水池安全操作规程；

2. 加强对有毒有害物质危害的治理和对职工安全生产的教育与培训；

3. 企业要添置必要的检测仪器，进入管道、密闭容器、地窖等场所作业，首先了解有毒有害物质的性质和危害，对确有危害的场所要进行检测，加强通风换气，正确选择、带好个体防护用具，并加强监护。

突发公共卫生事件篇

第十七章　突发公共卫生事件概论

第一节　突发公共卫生事件概念和特点

一、突发公共卫生事件的概念

突发公共卫生事件是指突然发生，造成或者可能造成社会公众健康严重损害的重大传染病疫情、群体不明原因疾病、重大食物和职业中毒以及其他严重危害公众健康的事件。其他严重危害公众健康的事件包括影响公共安全的毒物泄露事件，食品安全，重大动物疫情，以及由于自然灾害、事故灾难或社会治安等突发事件引发（次生）的严重影响公众健康的公共卫生事件。

二、突发公共卫生事件的特点

（一）突发性和意外性

突发公共卫生事件可能存在发生征兆和预警，但很难及时做出准确预测和识别，首先时间和地点具有不可预见性，其次事件形成常需一个过程，开始的危害程度和范围较小，但发展速度、趋势、蔓延范围和结局很难预测。也就是说其发生、发展可能出乎意料，

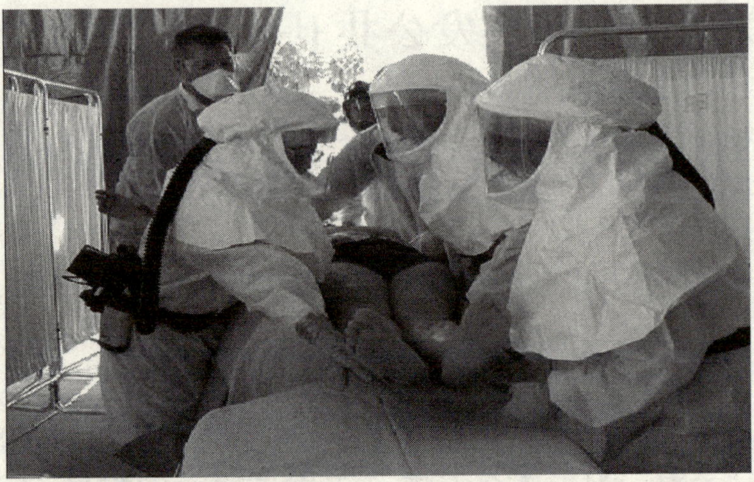

不过如果监测系统敏感健全，更多的突发公共卫生事件是有可能预警和预料的，我们可以有计划地应对，减小其危害。

（二）危害性

突发公共卫生事件涉及范围广，影响范围大，对人们身心健康产生危害，也可能在相当长的时间里留下心理阴影；同时还可能涉及社会不同利益群体，处理不好可造成社会混乱，对国家安全、社会稳定和经济发展产生严重影响。

（三）群体性和综合性

突发公共卫生事件危害不只是特定的个体，而是不特定的社会群体，具有公共卫生属性。同时又不仅仅是公共卫生问题，还是社会问题，需要各有关部门共同努力，甚至全社会的参与。因此，突发公共卫生事件的处理涉及多部门、多系统、多专业，政策性和科学性强，必须在政府的领导下综合协调，才能最终战胜突发公共卫生事件，将其危害降低到最低程度。

（四）频发性

目前我国正处在社会经济全面发展期，近年来许多地区只注重经济发展，而忽视了对生态环境的保护，导致各种自然灾害频发；抗生素滥用以及病原微生物的变异导致一些新发传染病、再发传染病及不明原因疾病的频繁发生；有毒有害物质滥用和管理不善导致化学污染、中毒和放射事故也逐年增多。

（五）多元化和国际化

我国幅员辽阔，人口众多，经济快速发展，自然因素和社会因素复杂，导致突发公共卫生事件的种类也呈多元化特点，包括生物病原体所致疾病、食物中毒、不明原因引起的群体性疾病、有毒有害因素污染造成的群体中毒、急性职业中毒、各种自然灾害以及生物、化学和核辐射事故等多种类型。同时随着国际交流、旅游和国际贸易的日益增多，公共卫生事件也不仅仅局限于一个国家，而是呈现国际化的特点。

第二节　突发公共卫生事件处置的原则和要求

根据《国家突发公共卫生事件应急预案》和《国家突发公共卫生事件信息报告管理工作规范》，突发公共卫生事件处置应坚持分级管理，卫生行政部门、各级疾病预防控制机构、各级卫生监督机构和医疗机构、其他责任报告单位等应各行其职，密切配合，加强协作和监督管理，按照依法报告、统一规范、属地管理、准确及时、分级分类的基本原则进行处置。

一、报告

（一）报告的原则

面对突如其来的公共卫生事件，最需要的是全面准确的信息，因此报告的原则是及时报告、快速审核、立即处置。强调初次报告要快，进程报告要新，结案报告要全。特别是对事件的初步判断要讲究科学性、高度性和技巧性。

（二）报告范围与标准

突发公共卫生事件信息报告范围，包括可能构成或已发生的突发公共卫生事件信息，其标准不完全等同于实际发生的突发公共卫生事件。突发公共卫生事件的确认和分级由卫生行政部门组织实施。报告的主要范围有传染病、食物中毒、职业中毒、其他中毒、环境因素事件、意外辐射照射事件、传染病菌（毒）种丢失、预防接种和预防服药群体性不良反应、医源性感染事件、群体性不明原因疾病、各级人民政府卫生行政部门认定的其他突发公共卫生事件。

（三）报告内容

报告分初次、进程、结案三期，初次报告事件基本信息；进程报告事件发生、发展、控制过程信息；结案报告是在事件结束后，对达到《国家突发公共卫生事件应急预案》分级标准的突发公共卫生事件，由相应级别卫生行政部门组织评估，在确认事件终止后 2 周内，对事件的发生和处理情况进行总结，分析其原因和影响因素，并提出今后对类似事件的防范和处置建议。

（四）报告方式、时限和程序

获得突发公共卫生事件信息的责任报告单位和责任报告人，应当在 2 小时内以电话或传真等方式向属地卫生行政部门指定的专业机构报告，同时进行网络直报，直报的信息由指定的专业机构审核后进入国家数据库。对进行网络直报的信息，指定的专业机构初步审核，确定真实性后 2 小时内，以电话或传真等方式报告同级卫生行政部门。接到突发公共卫生事件信息报告的卫生行政部门应当尽快组织有关专家进行现场调查，如确认为实际发生突发公共卫生事件，应根据不同的级别，及时组织采取相应的措施，并在2小时内向本级人民政府报告，同时向上一级人民政府卫生行政部门报告。

二、现场处置

突发公共卫生事件的现场处置必须做到“快、统、准、细、实”，快：就是信息和处置要快，一旦发生公共卫生事件，应召集有关人员迅速赶赴现场处理；统：对事件的调查处理要统一领导、统一方案；准：到现场后，对事件的发生、发展和事件的现状要进行综合和科学的分析，做出准确判断，拟订措施；细：对事件的调查要细致详实，防控处置措施要尽量周全；实：扎扎实实，忙而不乱，分工负责，找出原因，落实措施。

（一）安全性原则

所有处置必须遵循安全性原则。必须将抢救生命与保障人民的基本生存条件放在首位；最大限度地保护参与处置突发事件应急人员的生命安全。在处置中要设立安全警报，并决定撤退的时机、方式、途径以及何时停止突发事件救助，特别是要加强个人防护，对所有处置人员进行安全意识和个人防护培训。

（二）科学时效性

所有的信息报告均必须快速、如实，消息的发布也要求及时、准确和科学。切忌抱着侥幸心态隐瞒信息，因为危机事件瞬息万变，互联网信息传播迅速，不当的发布会对公众心理和社会安全造成极大的危害，也许会使得事件无法控制。

（三）边调查边处置

只有尽快处置才能阻止事件的蔓延，减少损失，即需要边调查边处置，迅速查明原因并针对流行病学病因及时采取措施。对所有暂不能确定病原的传染病，要在流行过程的三个环节中寻找突破口进行处置。

（四）适度处理

对事件的处置要把握科学适度的原则。事件处理时如果措施太宽有可能使得疫情扩散，措施太严又会影响社会稳定，损害个人利益。因此，要依靠专家群体的智慧，准确把握火候，精确掌握尺度，适时调整对策，措施宽严适度，以期风险最小，损失最少。

（五）综合协调性

危机的处置要有大局意识，需加强与多部门合作。现代社会分工很细，但突发公共卫生事件尤其新发传染病又很复杂，所以往往需要多部门参与，需要整合各种社会资源，发挥整体功能，必要时邀请心理学专业人员参与。

（六）及时总结

对信息获取、事件的判断、现场的处置措施的落实、控制的效果、部门合作进行及时总结，在统一指挥协调下更好地完成对事件的处置。

（七）预防为主

各相关部门和职能管理机构均需提前制定应急预案，储备保障物资和经费，对相关人员加强培训，组织演练，对公众进行教育培训和突发公共卫生事件防护技能演练，提高公众的心理承受能力，做到有备无患。

（八）心理干预

对事件的受众要进行有针对性的心理干预和治疗，因为有些突发公共卫生事件本身就是心理因素引起的，心理干预是及时控制突发公共卫生事件、减少损失的重要手段。

第十八章　重大传染病疫情的应对

所谓的重大传染病疫情包括：1. 现有传染病时有暴发和流行，如天生桥水电站建设，使广西、贵州、云南的5个县发生鼠疫流行，2000～2002年共发现鼠疫病例192例。2. 已消灭或被控制的传染病死灰复燃，如结核、淋病、梅毒等卷土重来，我国感染结核病菌的人数超过5.5亿人，其中约有10%的人可能发病。每年约15万人死于结核。专家指出，中国近年不断加强结核病防控，但防控形势依然严峻。3. 新发传染病不断出现和暴发流行，如艾滋病、O157：H7、SARS，甲流等。4. 经流行病学调查提示可能存在或潜在的传染病，国外已经存在并流行，有可能传入国内的传染病，如疯牛病、西尼罗病毒脑炎等。5. 人畜共患病，禽流感。1997年，香港发生H5N1禽流感18例，死亡6例；2004～2006年，亚洲、欧洲许多国家接连暴发禽流感疫情。6. 不明原因疾病暴发流行。

根据传染病的传播途径，可将其分为通过空气、飞沫等途径传播的呼吸道传染病；经水和食物等粪口途径传播的消化道传染病；经蚊虫等叮咬传播的虫媒传染病；以及经血液和体液等途径传播的传染病。下面我们就针对传染病的不同传播途径，讲述公众在发生重大传染病疫情时所能采取的应对措施。

第一节　呼吸道传染病

一、呼吸道传染病概述

呼吸道传染病是指病原体从人体的鼻腔、咽喉、气管和支气管等部位侵入后引起的有传染性的疾病。呼吸道与外部相通，受各种病原体侵袭的机会较多，病原体通常寄居在呼吸道黏膜及肺。呼吸道传染病主要经空气传播，包括飞沫、尘埃、气溶胶等传播方式。

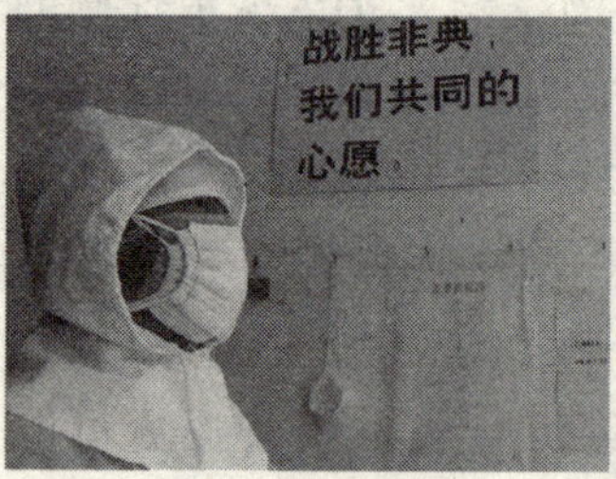

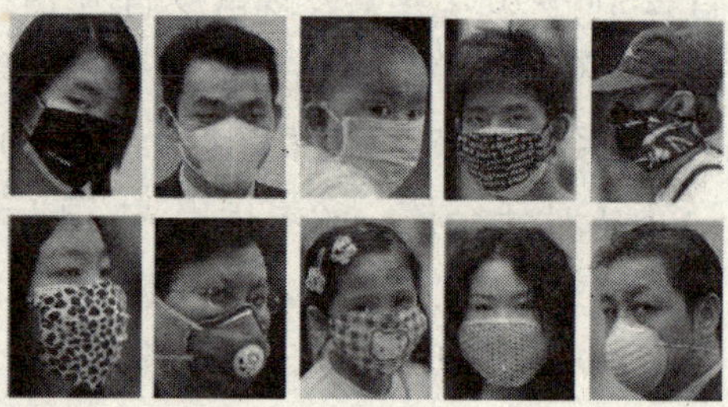

冬春季节是呼吸道传染病高发季节，容易发生流行性感冒、流行性脑脊髓膜炎、麻疹、风疹、流行性腮腺炎、水痘等呼吸道传染病的传播蔓延，儿童更是这些疾病的易患人群。冬春季易发呼吸道传染病主要有以下两大因素：一是人群接触机会多。由于冬春季节气温较低，人们在室内活动时间长，接触密切，而且春节前后购物、走亲访友、外出旅游等活动增多，增加了呼吸道传染病的传播机会。二是呼吸道黏膜抵抗力降低。呼吸道黏膜是覆盖在呼吸道上的一层组织，吸入冷空气和干燥空气会刺激呼吸道黏膜，使黏膜血管收缩，引起局部缺血和营养障碍；由于通风换气减少使室内空气质量下降，以及吸入烟尘等也能刺激呼吸道黏膜，使黏膜上皮的纤毛运动减弱，净化防御机能下降，使病原微生物容易侵犯呼吸道而致病。

二、呼吸道传染病疫情处置

1. 隔离治疗病人。传染病的病人是呼吸道传染病的最主要传染源，隔离治疗病人是控制流行的有效措施。

2. 追踪密切接触者。根据监测信息，确定暴发流行的影响范围和人群，对密切接触者进行医学观察，及时发现新病例。

3. 带菌者服药。对于细菌性呼吸道传染病的带菌者，在发生疫情时可考虑选择服用细菌敏感的抗生素。

4. 保护易感人群。在流行季节前进行疫苗接种，在暴发流行时对易感人群特别是青少年、儿童和老年人开展疫苗接种和预防性服药。

5. 环境清洁与消毒。呼吸道传染病会通过感染的人或动物污染环境，并通过环境造成扩散，因此，应当结合可能污染来源和污染范围的流行病学调查结果，对环境进行必要的消毒。

6. 健康教育。开展和加强预防呼吸道传染病的宣传，养成良好的个人卫生习惯，注意手的卫生，远离病人或可能染病动物。

三、公众预防和应对

应对呼吸道传染病流行，不仅要做好防病知识和必要的物品贮备，提高心理承受能力，还要具备对各种相关信息的识别能力。当疫情出现时，人们可能会产生急躁、恐惧、怨天尤人、束手无策等多种消极情绪，很多广告、“秘方”、“良药”以及一些谣言会在公众中广为流传，误导甚至引发不科学的错误行动。对此，大家要学会鉴别信息，要相信来自正规渠道的声音，相信政府部门对疫情处置的布署，注意接受卫生行政部门、疾病预防控制中心对疫情的分析和对防病知识的宣传。《中华人民共和国传染病防治法》规定，传染病暴发流行时，国务院卫生行政部门负责向社会公布传染病疫情信息，并可以授权省、自治区、直辖市人民政府卫生行政部门向社会公布本行政区域的传染病疫情信息，公布传染病疫情信息应当及时、准确。

我们建议您和家人建立起良好的卫生习惯，做好以下自我防护：

1. 在人群聚集场所打喷嚏或咳嗽时应用手帕或纸巾掩盖口鼻，不要随地吐痰，不要随意丢弃吐痰或揩鼻涕使用过的手纸。

2. 尽量勤洗手，不用污浊的毛巾擦手；双手接触呼吸道分泌物（如打喷嚏）后应立即洗手。

3. 避免与他人共用水杯、餐具、毛巾、牙刷等物品。

4. 注意环境卫生和室内通风，有条件者可在室内放一台小型高效负离子发生器。常开门窗通风换气，保持室内空气新鲜，污浊空气可随时飘走，而且室内也得到充足的氧气和光线，多种病毒、病菌也难以滋生和繁殖。同时要定期采用食醋熏蒸、臭氧、紫外线或者点卫生香等措施给室内空气进行消毒。如周围有呼吸道传染病症状病人时，应增加通风换气的次数，开窗时要避免穿堂风，注意保暖。

5. 在冬季要注意提高室内空气的相对湿度。冬天的空气干燥，湿度较低，导致病菌的孳生和传播，加上暖气和空调的使用，不少人感觉特别干燥，使人口干舌燥、流鼻血、嗓子疼、皮肤干燥发痒等，削弱了人体上呼吸道的防御功能，容易诱发各种呼吸道疾病。冬季要多喝开水、室内晾一些潮湿的衣服、地面洒水等，均可提高空气的相对湿度。

6. 加强锻炼，增强体质。健康的身体是避免或减少冬季呼吸道疾病的根本办法，同时，避免过度劳累、生活规律、保证充足的睡眠、减少心理压力，也可提高机体抵御疾病的能力。另外应注意均衡饮食，少吃辛辣食物，多吃清淡、易消化和富含维生素的水果蔬菜。

7. 注意自我防护，尽量少去“高危场所”。公众应注意保持良好的个人卫生习惯，例如经常清洗上呼吸道，减少细菌、病毒在呼吸道内的存留。去一些人口密集的场所，最好戴口罩。另外，儿童、老年人、体弱者和慢性病患者应尽量避免到人多拥挤的公共场所。有慢性基础病的人群更要注意外界气候变化对自身的影响，身体一旦出现不适时，应迅速到正规医院就诊。

8. 必要时接种疫苗。根据国家疾病预防控制规划，按照国家和省级规定的免疫程序进行预防接种，以提高人群免疫水平，达到预防和控制传染病发生和流行的目的。《中华人民共和国传染病防治法》规定：国家对儿童实行预防接种证制度。在特殊时期，对重点人群可以接种疫苗，它不仅有利于自身健康，更有助于为更多的人建立起防御疫情的屏障，保护他人。

第二节　肠道传染病

一、肠道传染病概述

肠道传染病是各种病原体经口进入消化道并经粪便排出病原体的一类疾病，病原体在肠道内繁殖并产生毒素，破坏肠黏膜组织，引起肠道功能紊乱和损害，严重影响身体健康，且随着病人的粪便排出，污染水源和食物等，并再次感染他人，造成肠道传染病的暴发流行。肠道传染病包括细菌引起的细菌性痢疾、伤寒、副伤寒、霍乱、副霍乱以及食物中毒等；阿米巴原虫引起的阿米巴痢疾；相关病毒引起的病毒性肝炎、脊髓灰质炎（小儿麻痹）、轮状病毒腹泻，以及肠道寄生虫病等。

肠道传染病的流行特征是常年都有发病，但夏秋季节多发，同时公众普遍易感，并可发生反复感染，在集中就餐的单位易暴发流行，是水灾、地震等自然灾害后防疫的重点。其传播途径是：1. 经水传播：霍乱、伤寒、菌痢被称为三大水媒传染病，容易引起暴发，污染源主要是粪便、呕吐物、洗涤被污染的衣物等。2. 经食物传播：生产、加工、运输、贮存和销售被污染的食物。3. 经昆虫传播：苍蝇、蟑螂等机械携带病原体污染食物。

二、肠道传染病疫情处置

1. 对暴发原因较明确者，报请卫生行政部门后立即采取针对性强制措施，切断污染的水源，禁售禁食被污染的食物，强制大搞环境卫生。消灭苍蝇、蟑螂，必要时限制人群流动，严禁举办大型集会和聚餐，暂停集市贸易。

2. 坚持“早、小、严、实”的原则，即时间要早、范围要小、措施要严、落在实处。对病人和疑似病人以及带菌者要就地隔离治疗，对污染的物品、容器、地面和转送工具要随时消毒处理。

3. 开展卫生活动，做好饮用水消毒，劝导群众养好良好的卫生习惯，共同把好“病从口入”关。

4. 应急接种，根据疫情暴发的情况，可在疫情暴发地区以及相邻地区的重点人群进行疫苗应急接种，以增强人群免疫力。

三、公众预防和应对

肠道传染病主要是通过食用被病原体污染的食物或饮用被污染的水造成的，所以预防肠道传染病的重点就是防止“病从口入”，要做到以下几点：

1. 不喝生水，要做到勤洗手，饭前便后要洗手。

2. 尽量少吃冷饮，包括雪糕、冰激凌和冰水等，更不要一次吃太多，暴饮暴食会损害肠胃的防御系统，这时候肠道病原体就有机可乘了。

3. 消灭苍蝇、蟑螂，清洁环境，防止致病微生物污染食物和餐具。

4. 要选择新鲜食品，不食用腐败变质的食品，加工时要生熟分开，生吃的瓜果、蔬菜应该用流动水洗净。食品在吃前要煮熟煮透，特别是贝壳类和甲壳类海产品。另外，冰箱不是保险箱，吃剩的食物即使放在冰箱内，时间也不能过长，再次食用前一定要充分加热。

5. 尽量少在外面就餐，如果外出就餐要到卫生条件好、具备餐饮服务许可证的正规餐饮点，并且尽量少吃或不吃凉菜，千万不要在路边小摊上胡乱地买东西吃。

6. 夏季是肠道传染病易发季节，不宜大办群体性聚餐活动。

7. 家庭中出现有腹泻、呕吐等症状的病人时，应及时到医疗机构就诊，如果不能到医院就诊，要注意补充因腹泻和呕吐丢失的

体液，不滥用抗生素。有必要时，病人的密切接触者应在医务人员的指导下预防性服药。做好病人排泄物、物品以及环境的消毒工作。

第三节　虫媒传染病

一、虫媒传染病概述

虫媒传染病是病媒生物传播的自然疫源性疾病，通过节肢动物叮咬、取食带菌的人和动植物而传播。当今全球生态系统发生了很大的变化，而环境恶化及交通与物流的便捷，为媒介生物繁殖、传播、扩散提供了便利条件。当前明显的趋势是，一些原有的媒介生物性疾病再度暴发，新的媒介生物性疾病不断出现。不同虫媒传染病的传染源和传播媒介是不尽相同的，有以蚊虫传播的登革热，疟疾、乙脑；蜱传回归热、莱姆病；恙螨传播的恙虫病；跳蚤传播的鼠疫等危害性较强的传染病，常见的病媒昆虫有蚊子、苍蝇、蟑螂、臭虫、虱子、跳蚤，此外还包括蜱、蠓、蚋、虻、白蛉等。蚊类是虫媒传染病最主要的传播媒介之一，至 1994 年，全世界已在蚊体内分离到 265 种虫媒病毒。近年来，蜱传播疾病受到人们越来越多的关注。全世界已知蜱类 1 000 余种，我国已发现 120 余种，各省、市、自治区均有分布。研究表明，虫媒传染病流行增强的原因主要来自社会和自然环境的变化：全球人流和物流的快速、大量流动，有利于病原的传播，增加了人群的感染和疾病暴发流行的机会；全球气候变暖的趋势使得许多热带生物不断扩大分布范围，过去仅在热带地区出现的虫媒传染病，也频频出现在亚热带地区。

虫媒传染病大多具有以下特点：1. 属于自然疫源性疾病，人类普遍易感。只有人进入疫源地被节肢动物叮咬才有可能感染，人与人之间不传染；2. 具有明显的地域性和季节性；3. 除乙脑等少数几种病可用疫苗预防外，大多没有特效疫苗。

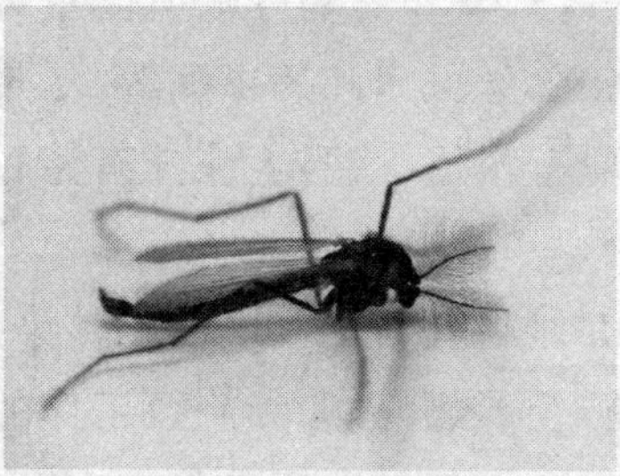

中华按蚊

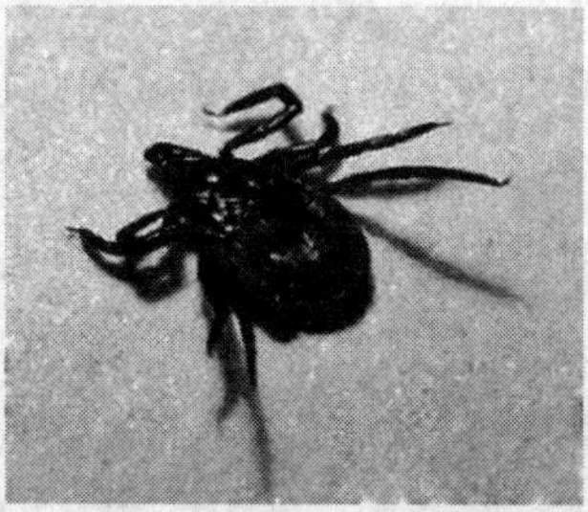

蜱虫

二、虫媒传染病疫情处置

虫媒传染病的处置与其他传染病不同，重要的手段是切断和消除它的传播途径，并改善和提高人群的免疫力，保护易感人群。

1. 加强人类虫媒传染病的疫情报告，任何单位或个人一旦发现疫情都要及时向有关机构报告。

2. 尽早开展流行病学调查，明确诊断，明确传染来源和媒介昆虫。

3. 采取针对性措施消除传播虫媒，尽早切断传播途径，控制疫情的扩散与蔓延。

4. 及时采取有效措施救治病人，避免死亡。

5. 对接触过病人或受染动物或受污染环境，有可能受到感染的人进行医学观察和预防服药。

6. 提高群体的抗病能力，通过有计划的预防接种、预防服药等措施保护易感人群。

三、公众预防和应对

虫媒传染病的预防采取消灭媒介昆虫，切断传播途径为主的措施。

1. 防止昆虫叮咬。蚊子，跳蚤，虱子和蜱螨等吸血昆虫可传播疟疾、乙型脑炎、登革热、斑疹伤寒、丝虫病和恙虫病等，尽量不要在野外宿营，若确实无法避免，应有帐篷，或身上涂抹有芳香味的驱虫剂，并穿长袖衣裤睡觉。

2. 虫媒传染病是热带和亚热带地区特有的和多发的传染病。对去东南亚旅游的人群应重点预防登革热，去非洲旅行工作的人需要预防疟疾、利什曼病、黄热病等。近年来由于世界生态环境、气候及诸多人为因素对自然的改变，出现了一些新老虫媒传染病的流行，如在北美发生的西尼罗病，在非洲发生的黄热病，在东南亚发生的登革热，马拉维发生鼠疫，危害均极为严重。

3. 进行必要的疫苗接种。在流行季节前或去疫源地出游前1个月注射乙脑疫苗；在有斑疹伤寒流行趋势时，应接种斑疹伤寒疫苗；到东南亚或非洲旅游者，应接种乙脑、登革热、黄热病疫苗。若在旅行期间或之后出现高热或类似感冒症状，要尽快到医院接受检查和治疗，越早诊治越有效。

4. 配备必要的防治药物。到疟疾疫区旅游者务必备用氯喹、乙胺嘧啶和甲氯喹等；若去恙虫病疫区，应携带强力霉素。

5. 开展以防蚊灭蚊为重点的爱国卫生运动，要特别注意搞好外来人口聚居地、建筑工地民工居住地、农村人口居住地的环境卫生工作，切断传播途径。发生疫情时，应尽快在疫源地内采取灭蚊、防蚊措施，以降低蚊子密度，减少感染机会，防止疫情扩散。灭蚊、防蚊措施包括填平周围坑洼，及时清除粪便污水，管理好水源，消除蚊虫孳生地，扑打、烟熏或药杀室内蚊子，以降低蚊子密度，减少感染机会，防止疫情扩散。

6. 加强动物传染源管理，搞好家禽、家畜棚舍的环境卫生。

7. 开展健康教育，增强防病意识。通过各种宣传媒介和多种宣传形式，了解虫媒传染病的相关知识，了解个人防护的措施。在蚊子活动高峰时间（黄昏后不久），可穿长袖衣裤防止叮咬。要改变室外露宿的习惯，户外活动时，暴露皮肤可涂抹驱避剂。除个人防护外还应做好家庭防护，使用蚊帐、纱门、纱窗等。

第四节　血源性传染病

一、血源性传染病概述

血源性传染病是指通过血液、体液传播的一类传染病，以医护人员和实验研究人员职业接触感染多见，对公众的最大危害是由于使用污染的血液制品，医院血透管理混乱，不规范医疗行为和不使用一次性注射器以及非正规医疗机构注射器污染等给患者带来的医源性交叉感染，其次是母婴垂直传播和性接触传播。

血源性传染病主要有病毒性肝炎、艾滋病、梅毒等。我国目前乙型肝炎病毒携带者已有 1.3 亿，艾滋病的流行在我国也已经进入快速增长期，艾滋病病人已出现猛增趋势。如果我们在不正规的输血站、医疗或美容机构进行输血、打针、洗牙、手术，或是文身、文眉、扎耳眼、做双眼皮、刮面等具有出血性损伤的医疗和美容行为时，由于器具的不洁、消毒不彻底或反复使用，就会使上面的病毒感染到自己体内。另外，和病毒携带者或病人密切生活时，他们的创伤出血、月经血、痔疮血等都会污染家庭环境，而与其共用牙刷、牙膏、毛巾、剃须刀时也容易通过血液感染病毒。所幸的是，乙肝病毒携带者中大部分的病毒复制都不活跃，传染性比较弱，只有少部分病毒复制比较活跃，具有传染性。所以，正常的工作、生活、交往、偶尔聚餐，避免长时间过密的接触一般不会被传染乙肝。一般的接触也不会传染艾滋病，艾滋病毒非常脆弱，如果暴露在空气中，几分钟就会死亡。艾滋病虽然很可怕，但该病毒的传播力并不是很强，它不会通过我们日常的活动来传播，所以艾滋病患者在生活当中不应受到歧视，如共同进餐、握手等都不会传染。病人吃过的菜，喝过的汤是不会传染病毒的。也就是说，我们不会经亲吻、握手、拥抱、共餐、共用办公用品、共用厕所、游泳池、共用电话、打喷嚏等而感染，甚至照料病毒感染者或艾滋病患者都没有关系。

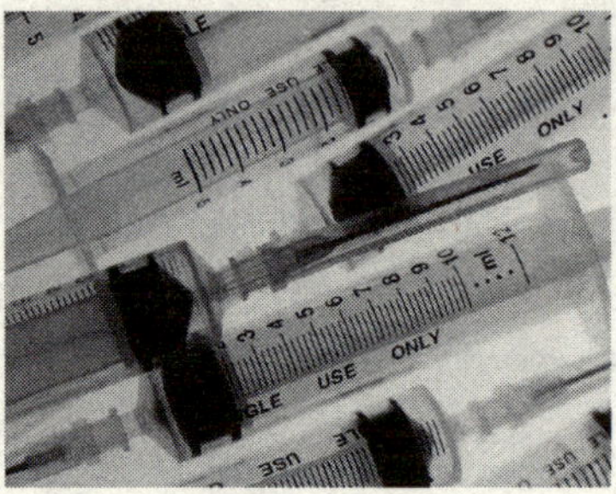

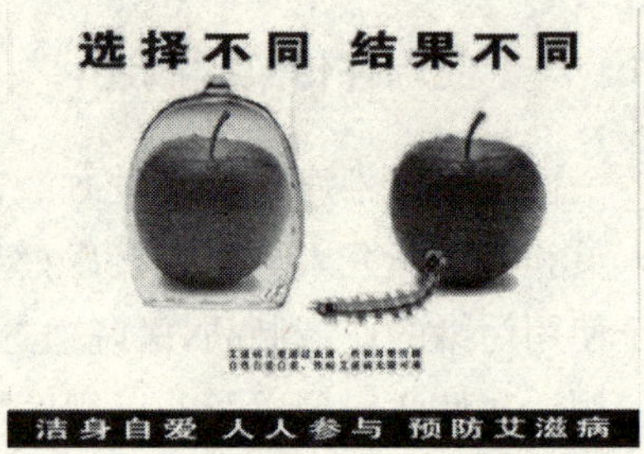

二、血源性传染病疫情的处置

1. 局部紧急处理：当受到可疑血液或制品、体液污染时，用肥皂液和流动水清洗污染的皮肤，用生理盐水冲洗黏膜；有伤口时(如被注射针头划破或刺伤等)，应立即轻轻挤压伤口，尽可能挤出损伤处的血液，再用肥皂液和流动清水冲洗；伤口可用消毒液浸泡，或使用70%酒精或者0.5%碘伏进行擦拭消毒，亦可采用适当的抗生素处理伤口，然后包扎伤口；被暴露的黏膜，应当反复用生理盐水冲洗干净。

2. 明确病原体的种类，暴露后应立即对暴露物进行病原体检测，以确定是否需要采取应急处理措施。

3. 预防性用药

(1) 对发生艾滋病病毒职业暴露的医务人员和可能的血液接触暴露公众，应当根据暴露源病毒载量水平，暴露时间、暴露类型、伤口大小等实施预防性用药方案。针刺伤后可能增加职业性获得HIV感染的因素包括：深部(肌肉内)损伤，致伤器械上有肉眼可见的血，使用的器械进入血管，感染源病人病毒含量高等。预防性用药应当在发生艾滋病病毒职业暴露后尽早开始，最好在4小时内实施，最迟不得超过24小时；即使超过24小时，也应当实施预防性用药。

(2) 对发生乙型肝炎病毒血液接触暴露者，当事人如果接种过乙肝疫苗，可不必预防用药，但如果针刺伤较严重者或从未接种过乙肝疫苗者，应立即肌注乙肝免疫球蛋白100～200 μg。对丙肝暴露者目前没有有效的预防手段，α-干扰素和核苷类药物联合使用可能有一定的预防效果。

(3) 对发生梅毒职业暴露者，可使用青霉素或口服红霉素、强力霉素等预防。

4. 及时进行心理疏导。职业暴露后暴露者承受了极大的心理压力和思想负担，除积极处理意外事件，及时予以治疗和进行血清学追踪外，还应与暴露者及时沟通交流，减轻其心理压力，释放不良情绪。

三、公众血源性传染病接触暴露的应对和防护

1. 预防重点是避免与病人或携带者的血液和体液直接接触。

2. 加强公众的健康教育，提高对血源性传染病的个人防范意识。

3. 对血透患者的治疗应严格按照卫生部《医疗机构血液透析

室管理规范》进行，患者使用的床单、被套、枕套等物品应当一人一用一更换；患者进行血液透析治疗时应当严格限制非工作人员进入透析治疗区；乙肝、丙肝等传染病患者应当分别在各自隔离透析治疗间进行专机血液透析，相互不能混用等。对相关医疗机构严格监管，公众应尽量到正规的医疗机构进行治疗。

4. 公众如需进行输血、打针、洗牙、手术，或是文身、文眉、扎耳眼、做双眼皮、刮面等具有出血性损伤的医疗和美容行为时，应去正规的医疗机构，并严格检查医疗资质，做好自我保护，提高对血源性传染病的防范意识。

5. 针对艾滋病的防范，公众应提高自身的素质并避免各种爱滋病传播的不良行为。众所周知，刚开始时，艾滋病只在吸毒者和男同性恋者等高危人群中传播，感染者以男性为主，大约占所有感染者的百分之八、九十。随着这些被感染的男性将病毒传染给妻子、女朋友，或性服务者，女性感染者的比例逐步上升，直到男女比例平衡。这时候，病毒的传播速度会加快。例如，年轻人之间因性行为传染艾滋病的几率会比以往大得多。所以公众要洁身自好，杜绝和降低艾滋病的传播。

6. 对患有艾滋病或乙型肝炎的孕妇，要做好产前检查，并在指定的医疗机构分娩，以便进行产前、产时和产后的医疗干预，防治母婴垂直传播。

第五节　重大传染病疫情案例

一、呼吸道传染病——2009 年甲型 H1N1 流感全球大流行

2009 年 3 月 18 日开始，墨西哥陆续发现“人感染猪甲型

H1N1 流感”疫情，并出现死亡病例，随后在全球范围内迅速蔓延；4 月 30 日，世界卫生组织、联合国粮食及农业组织和世界动物卫生组织根据其疫情特点，将引发此次疫情的“猪流感”更名为“甲型 H1N1 流感”；5 月 11 日，我国卫生部确诊了国内首例甲型 H1N1 流感患者；6 月 11 日，世界卫生组织宣布将甲型 H1N1 流感大流行警告级别提升为六级，全球进入甲型 H1N1 流感大流行阶段。甲型 H1N1 流感（以下简称“甲流”）为急性呼吸道传染病，其病原体是一种新型的甲型 H1N1 流感病毒。与以往的季节性流感病毒不同，该病毒毒株包含有猪流感、禽流感和人流感三种流感病毒的基因片段。人群对甲流病毒普遍易感，在人群中具有很强的传染性，也具有一定的死亡率。

截至 2009 年 12 月 3 日，我国甲流患者为 97 519 例，死亡人数 370 人，成为严重威胁人民群众健康及生命安全的重大突发传染病疫情。甲流在我国的流行呈局部暴发之势，暴发的地点绝大多数都在学校，不论是大学、中学还是小学，只要有一个感染，很快就会引起一大片，或者说至少几个甲流病例。在短时间，特定地点的疫情暴发，应该说是很好控制的，但是，这种趋势给我们的教训更深刻，给我们的启示也更大，第一，呈散状的局部暴发说明甲流病毒在国内多点存在，尽管我们对于甲型流感的控制非常重视，确诊病例并没有出现暴发性增长。但是，由于人的体质不同，很多人可能携带病毒并没有出现发病，也会有许多人出现症状，而自认为是一般感冒，吃点药好了。各种各样的病毒携带者走南串北，在飞机、火车、轮船、汽车上，已经把甲型流感病毒带到了全国各地。第二，初始阶段的低密度流行，让更多的人误解了或者忽略了甲型流感的存在，因此人们的预防措施开始降级。甲流初到国内时，国内大多数地方大多数人警惕性非常高，街上出现了如非典肆虐时的口罩热，但随着国家强有力的控制，随后的几个月甲流并没有像人们开始想象的那样恐怖，于是人们放松了，旅游、集会、聚餐等大型活动和交流恢复正常，出现众多的甲型流感病例也就不奇怪了。第三，人人都是易感人群，根据甲流的流行趋势和以往的经验，我们应该看到这次甲流和以往病毒不一样，人人都是易感人群，谁也不要存在侥幸心理，如果被感染大家都会患病，只不过外在表现可能会和个人体质有关系，出现重症、轻症或者极不明显的感冒症状，但是对于新病毒，谁也不能超脱在外。因此我们要加大宣传力度，公众应提高对呼吸道传染病的认识，重视学习预防常识，自觉接种甲流疫苗，提高自身的抵抗能力。

二、肠道传染病——2011 年德国"毒黄瓜"事件

2011 年 5 月 1 日德国出现第一例感染肠出血性大肠杆菌病例，5 月中旬在德国北部地区开始暴发了肠出血性大肠杆菌传染病疫情，仅汉堡医院就有 3 496 名病人被诊断为感染肠出血性大肠杆菌，其中 852 人发展为溶血性尿毒症，肾脏受到损害。这场疫情最终导致德国 50 人死亡，在德国以外约有 10 余个国家和地区也发现了 76 名患者。这些国外病例绝大多数都曾在德国逗留或与在德国感染上病菌的患者有过接触。世界卫生组织称这是"一次溶血性尿毒综合征的大暴发"。由于最初怀疑此次感染源为产自西班牙的黄瓜，所以称之为"毒黄瓜"事件。但是根据对患者患病前饮食的各项调查，特别是对德国疫情最重的 6 个州患者的调查，罗伯特-考赫（Robert Koch）研究所、德国联邦风险评估研究所、联邦消费者保护和食品安全局一致认为，德国本次 O104：H4 型大肠杆菌感染暴发是消费者食用下萨克森州一家企业生产的被病菌污染的芽苗菜引起的。在被肠出血性大肠杆菌致病的患者中，88％是 20 岁以上的成年人，62％为女性。在患上溶血性尿毒综合征的人群中，高达 70％的患者都是女性。这与之前大肠杆菌

主要感染儿童且没有性别差异不同。负责监督和监测疫情的罗伯特-考赫研究所确定传染病菌型号为 O104：H4。来自中国深圳华大基因研究院及其合作机构的基因测序表明，致病的大肠杆菌是一种新的菌株，并且对多种抗生素具有耐药性。自 6 月 28 日，科学界将该传染病准确命名为产志贺毒素 O104：H4 型大肠杆菌，因为本次暴发菌株表现出了典型的肠聚集性大肠杆菌和常见的产志贺毒素大肠杆菌这两类不同的大肠杆菌混合的毒力特性。这是德国迄今最严重的一次肠出血性大肠杆菌疫情，也是世界范围内造成溶血性尿毒综合征重症病例最多的一次致病大肠杆菌暴发。

众所周知，大肠杆菌是一种在人和温血动物肠道内常见的细菌，大多数菌株无害。然而，一些菌株如肠出血性大肠杆菌则可引发严重的疾病。它主要通过食用被污染的食物传染给人类，如生的或烹调不彻底的绞碎肉制品和原料奶等。另外，其他食品如蔬菜、水果等，被污染的饮用水，乃至于人与人之间的接触均有可能导致疾病的传播。所以预防出血性大肠杆菌疫情的唯一有效方法是进行杀菌处理，例如加热或紫外线照射。因此，建议民众不饮用生水，需“煮透”食物，特别是肉类、牛奶等；对于生的西红柿、黄瓜、蔬菜色拉等也应谨慎食用；此外民众应注意经常洗手，特别是在接触食物前和如厕之后。此次疫情不仅仅带给我们的是医学方面的思考，从疫情扩散及事态变化情况而言，有很多方面是值得我们去反思的。尽管欧洲蔬菜进出口系统已经看似十分完备，各国间农产品贸易往来密切，但是此次事件依然暴露出管理上存在的漏洞，相对而言，我国目前的食品流通监管体系尚不成熟，各种食品安全问题一再暴露出大量的隐患，在吸取经验教训的同时，需借鉴欧洲在此次处理疫情的经验，做好我国肠道传染病的防控工作。

三、虫媒传染病——2010年河南商城“虫咬死人”事件

2010年9月在媒体报道商城县发生蜱虫咬人致死事件后，这座大别山脚下的县城便迅速成为舆论关注的焦点。9月9日，河南省卫生厅通报称，自2007年5月信阳市报告了首例疑似“粒细胞无形体病”病例以来，通过全省监测，截至2010年9月8日，全省共监测发现此类综合征557例，死亡18例。发病主要集中在信阳市的商城县、浉河区、平桥区和光山县。随后在山东、浙江等地有多人被蜱虫咬伤不治身亡，一度引发全国性话题。这些出现“发热伴血小板综合征”的病例，经血液检测证实患者感染的是新型布尼亚病毒，是一种因为蜱虫叮咬传播的虫媒传染病。蜱虫本身无毒，但它是一种传播媒介，会携带感染病毒，传播疾病的能力排名世界第二，仅次于蚊子，比人们熟知的跳蚤、虱子更强。蜱是人畜间寄生虫，它在叮刺吸血时唾液会分泌神经毒素，而且蜱叮咬携带病原体的宿主动物后再叮咬人，病原体就会随之进入人体，侵染人体末梢血的中性粒细胞，导致病人血小板和白细胞锐减，免疫系统趋于崩溃，最后多器官功能衰竭而死。全世界范围内的蜱叮咬人致病事件，可追溯到20世纪90年代初。美国首先报告了人粒细胞无形体病病例，此后欧洲等地也相继报告了这种病例，部分地区感染率甚至高达15%至36%。国内外流行病学调查发现，被蜱虫叮咬后约有1%左右的人发病。而据估算，我国每年被蜱虫叮咬的人数在300万以上，感染人数相当庞大。全球首例人传人的案例也发生在中国农村。2006年，安徽省宣城市广德县一位50多岁的农村妇女死于此病，美国耶鲁大学医学院的彼得·克劳斯和加里·沃姆瑟在《美国医学会杂志》发表评论称：“这可能是世界上第一起嗜吞噬细胞无形体人传人的报告，同时也是中国第一起人粒细胞无形体病的报告。”在安徽这起病例之后，湖北、山东、河南

等省份，也陆续发现了人粒细胞无形体病病例，河南信阳等地也出现了患者死亡报告。截至2011年6月，中国已有河南省、湖北省、山东省、安徽省、江苏等省报告“蜱虫病”病例280多人，死亡10余人。6月至11月为蜱虫最活跃的时期，在此期间市民需格外注意，防止被蜱虫叮咬致病。我们建议，夏秋季节，人们应少在草地、树林等环境长时间坐卧，耕种劳作时要做好个人防护，尽量穿紧口的长衣裤，若发现蜱附着于身体上时，应立即用镊子等工具将其除去。随着天气转冷，虫媒减少，此类疾病的发生呈自然下降趋势。

四、血源性传染病——2011年安徽、河南丙肝感染事件

从2011年11月中旬开始，位于豫皖交界的安徽省涡阳县和河南省永城市相继暴发丙肝疫情，已有200余人感染，以儿童为主的感染人数不断增加。这些丙肝患者曾经集中在一家农村卫生室看病，疫情可能与注射器针头重复使用有关。无论这是不是此次丙肝疫情暴发的源头，但由此暴露出的农村医疗卫生状况令人担忧。从11月17日至12月1日，涡阳县累计初步筛查1 758人，发现丙肝抗体阳性105人。河南永城市对马桥镇6 000多名居民进行流行病调查，截至11月28日，发现104例丙肝抗体阳性，确诊6例丙肝患者。此次感染的人以儿童居多，确诊患者已经分别被送往合肥、南京等地接受治疗。涡阳县卫生局上报的疫情通报显示，据初步调查，此次疫情中发现的丙肝阳性者均在临界的河南省永城市马桥镇沈楼村卫生室接受过静脉推注治疗，疫情可能与注射器针头重复使用有关。无论传染源在哪里，多位医学专家称，此次疫情应该与不规范的注射有关。

血液传播是丙肝最主要的传播途径，特别是注射吸毒时共用针具，或输入被丙肝病毒污染的血液或血制品，使用被丙肝病毒污

染、且未经严格消毒的针具以及医疗和美容器械等都能导致病毒传播。不卫生的注射治疗是传染丙肝的主要途径之一。根据资料报道，70％的丙肝感染者是因为使用血制品不当或者在小诊所进行侵入性检查治疗、共用针头静脉注射等原因感染。因此我们呼吁所有的医护人员要规范行医，卫生监督管理部门要加强监管，公众要提高防范意识，共同杜绝人为因素造成的血源性传染病的传播和流行。

第十九章　食物中毒和食品安全

第一节　食 物 中 毒

一、食物中毒的概述

根据《中华人民共和国食品安全法》和卫生部颁布的《食物中毒处理办法》规定，食物中毒是指食用了被生物性、化学性有毒有害物质污染的食品或者食用了含有毒有害物质的食品后出现的急性、亚急性食源性疾患。群体性食物中毒是指人群经口摄入有毒食物（指被致病菌及其毒素、化学毒物污染或含有毒素的动植物食物）后所引起的以急性感染或中毒为主要临床特征的非传染性疾病。群体食物中毒的表现是：在短时间内，吃某种食物的人单个或同时发病，以恶心，呕吐、腹痛、腹泻为主，往往伴有发烧。严重的还会发生脱水、酸中毒，甚至休克、昏迷等症状。

正常情况下，一般食物不具有毒性。食物产生毒性并引起食物中毒，多由于下列原因所致：1. 致病性微生物污染食物并大量繁殖，以致食物中有大量活菌（例如沙门氏菌），或有大量毒素（例如金黄色葡萄球菌产生的肠毒素)；2. 有毒化学物质混入食品，并达到能引起急性中毒的剂量；3. 食物本身在一定条件下含有有毒成分(例如河豚鱼含河豚毒素)；4. 食物贮存过程不当而产生毒素(例如马铃薯发芽产生龙葵素)等。此外，某些外形与食物相似，但本身含有有毒成分的物质被误食，也可引起中毒(例如毒蘑菇中毒等)。因此食物中毒分为4类：细菌性食物中毒、真菌毒素食物中毒、有毒动植物食物中毒、化学性食物中毒。在我国食物中毒的构成中，细菌性食物中毒的发生起数与中毒人数最多，化学性食物中毒次之，但死亡人数最多。食物中毒发病时间集中，没有传染性，夏秋季多发。

二、食物中毒现场处置

1. 组织卫生机构对中毒人员进行救治。

2. 对可疑中毒食物及其有关工具、设备和现场采取临时控制措施。

3. 组织调查小组进行现场卫生学和流行病学调查，填写《食物中毒事故个案调查登记表》和《食物中毒事故调查报告表》，撰写调查报告，并按规定报告有关部门。

4. 封存造成食物中毒或者可能导致食物中毒的食品及其原料。

5. 封存被污染的食品用工具及用具，并责令进行清洗消毒。

6. 为控制食物中毒事故扩散，责令食品生产经营者收回已售出的造成食物中毒的食品或者有证据证明可能导致食物中毒的食品。

7. 对造成食物中毒或者有证据证明可能导致食物中毒的食品生产经营单位、发生食物中毒或者疑似食物中毒事故的单位应当立即停止其生产经营活动。

三、细菌性食物中毒

（一）概述

细菌性食物中毒指因摄入被细菌污染的食品引起的急性或亚急性疾病。细菌性食物中毒分为感染型(包括沙门菌属、副溶血性弧菌、变形杆菌属、致病性大肠菌属等)食物中毒和毒素型(肉毒梭菌毒素、葡萄球菌肠毒素等)食物中毒两类。食物在制作、储存、出售过程中处理不当,被致病性细菌污染,细菌大量急剧繁殖,从而使食品中含有大量活的致病菌(例如沙门氏菌),或者细菌产生大量毒素(例如金黄色葡萄球菌产生的肠毒素),人们食用后引起中毒。

细菌性食物中毒的主要特点：1. 临床表现类似,多有急性胃肠炎症状,如腹痛、恶心、呕吐、腹泻。2. 患者在相近时间内都食用过同样的食物,发病范围仅局限在食用该种有毒食物的人群中,一旦停止食用这种有毒食物,发病立即停止。3. 与其他食物中毒相比,从进食到发病相隔时间相对较长,大多在12～24小时内发病。4. 发病有明显的季节性,夏秋季高发,5～10月最多。

细菌性食物中毒世界各地均有发生,与不同区域人群的饮食习惯有密切关系。在气温高、湿度大、降雨量多、经济条件差、卫生设施落后、饮水和环境不卫生的地区,发病率高,且容易引起暴发。我国食用畜禽肉、禽蛋类较多,多年来一直以沙门氏菌食物中毒居首位,但在沿海地区以副溶血性弧菌中毒为主,肉毒杆菌中毒有90％发生在新疆地区。

（二）细菌性食物中毒的现场处置

1. 报告

发生食物中毒的单位和接收病人进行治疗的医院,除采取抢救措施外,应立即向卫生行政部门报告。

2. 急救

对患者的应急抢救应按国家卫生部颁发的《食物中毒诊断标准及技术处理总则》进行，主要是抗生素治疗、对症治疗等。

3. 诊断与调查

食物中毒诊断标准主要以流行病学调查资料及病人的潜伏期和中毒的特有表现为依据，实验室诊断是为了确定中毒的病因。

4. 现场处理

首先应立即收集和就地封存一切可疑食物，对已零售和发放的同批食物应全部查清并立即追回。经采样化验后，如系含有病因物质的食物，则应根据具体情况进行无害化处理或予以销毁，以免引起再次中毒。

5. 消毒

对接触过有毒食物的食具、容器、用具、设备等煮沸或蒸汽消毒15～30分钟，或用1%～2%热碱水、0.2%～0.5%漂白粉水溶液浸泡消毒。对患者呕吐物可用20%漂白粉溶液或3%来苏尔或5%石碳酸消毒。污染的地面、墙壁用5%来苏尔擦洗消毒。同时进行环境卫生整顿，消灭苍蝇、蟑螂、老鼠等。

（三）公众的预防与应对

1. 个人要养成良好的卫生习惯，饭前、便后要洗手。外出不便洗手时，一定要用酒精棉或消毒餐巾擦手。

2. 餐具要卫生，每个人要有自己的专用餐具。

3. 饮食要卫生，生吃的蔬菜、瓜果之类的食物一定要洗净。不要吃隔夜变味的饭菜。不要食用腐烂变质的食物和病死的禽肉、畜肉。剩饭菜食用前一定要热透。

4. 生、熟食品要分开，切过生食的刀和案板一定不能再切熟食，摸过生肉的手一定要洗净再去拿熟肉，避免生熟食品交叉污染。

5. 开展爱国卫生运动，保持环境整洁，消灭苍蝇、蟑螂、老鼠及有害昆虫等。严格执行食品卫生制度，健全必要的冷藏、防蝇、防尘等卫生设施和防护设备。

6. 积极参加健康教育，学习卫生防病知识，特别是预防食物中毒的知识，自觉搞好卫生防病工作。

四、真菌毒素食物中毒

（一）概述

真菌俗称霉菌，广泛存在于自然环境中。目前已知霉菌约500种，大约有1/10的霉菌可产生有害的霉菌（真菌）毒素。由于甘薯、甘蔗、大米、玉米等粮食保管不当，发生霉变，使得霉菌在其污染的食品中产生有毒代谢产物，食用后引起真菌毒素食物中毒。

真菌毒素食物中毒的主要特点有：

1. 发病快。潜伏期较短，多在数分钟至数小时。

2. 真菌毒素食物中毒的发生主要通过被真菌毒素污染的食品。引起中毒的食品有的从外观上可以看出食品已经发霉，如发霉的花生、玉米、大米、糕点、面包、馒头等，但有些发霉食品不一定能看得出来，如面粉、玉米粉等。即使食品上的霉斑、霉点被擦掉了，但真菌毒素还存留在食品中，也有可能造成中毒。

3. 真菌毒素很耐热，蒸、煮、炒等一般的烹调方法不能破坏食品中的真菌毒素。

4. 真菌毒素中毒没有传染性，也不产生抗体。

5. 中毒程度严重，病程比细菌性毒素中毒长，发病率和死亡率较高。

6. 季节性和地区性明显。如霉变甘薯中毒、霉变甘蔗中毒多发生在冬春季。

（二）真菌毒素食物中毒的现场处置

真菌毒素食物中毒的现场处置类似细菌性食物中毒，其治疗没有特效药，应立即催吐、导泻，减少毒素的吸收，并进行综合对症治疗。

（三）公众的预防和应对

1. 加强粮食的田间管理和粮食生产、储运的防霉措施，防止粮食霉变，粮食要存放通风、干燥处，离地离墙20厘米以上。

2. 加强宣传教育，使公众认识霉变食物的危害，做到不吃霉变甘薯、甘蔗、大米、玉米等，也不要用霉变食物喂牲畜。

3. 加强黄梅天、洪灾等潮湿情况下的食品卫生监督和检测，及时发现食物中毒隐患，重点加强对受污染食物的监督管理，对腐败变质食品强行监督销毁，对怀疑受污染或者可能导致食物中毒的食品立即予以封存，抽样监测，开展针对性预防和控制工作。

五、有毒动植物食物中毒

（一）概述

有毒动植物食物中毒多数是食用含天然有毒成分的食物所引起，如河豚鱼与毒蘑菇中毒；其次是外来污染和存放不当，产生毒物而中毒的，如蜂蜜中毒、鱼类组胺中毒；另外，也有些是食用过多或处理方法不当所引起的，如刀豆和豆浆中毒等。

有毒动植物食物中毒的主要特点：

1. 发病快，潜伏期短，一般数分钟到数小时不等。

2. 无发热等感染症状，按中毒食品的性质有较明显的特征性的症状，这是与细菌性食物中毒的明显区别。

3. 通过进食史的调查和食物形态学的鉴定较易查明中毒原因。

4. 呈地区性分布。河豚鱼中毒多发生在沿海与长江下游；有毒贝类与毒蘑菇中毒多与有毒贝类和毒蘑菇的分布有关，分别以沿海与山区多见。

5. 有明显的季节性。有毒贝类中毒与赤潮的发生有明显关系，毒蘑菇中毒多发生在春夏季。

（二）有毒动植物食物中毒现场处置

1. 明确诊断。首先要根据流行病学调查资料、病人的潜伏期和中毒的特有表现、形态学鉴定资料为依据尽快明确诊断。有毒动植物食物中毒是因食用不同的有毒动植物引起的，通过对患者近 24 小时内的食谱调查可迅速发现可疑食品，通过可疑食品的形态鉴别可初步确定引起动植物性食物中毒的有毒食品。

2. 急救。一般的有毒动植物食物中毒没有特效治疗药物，以采取催吐、洗胃、导泻和透析等临床综合对症治疗为主。

3. 对有毒的动植物应采取相应的分解、灭活措施后焚烧或深埋(2 米)，严禁作为食品工业原料或动物饲料使用。

（三）公众的预防和应对

1. 了解和掌握有毒动植物的相关知识，从源头预防食物中毒

河豚鱼的卵巢、肝脏、鱼籽的毒性最强，肾脏、血液、眼、鳃和鱼皮的毒性次之。一般鱼肉中不含毒素，但宰杀时易受血液等的污染而染毒。河豚毒素可使神经末梢和神经中枢发生麻痹，开始时知觉神经麻痹，然后运动神经麻痹，最后呼吸中枢及血管神经中枢麻痹而死亡。一般食后 0.5～3 小时发病。

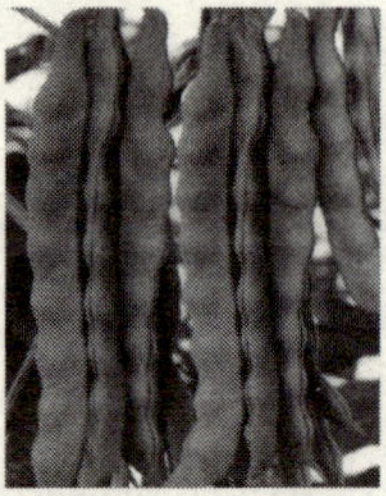

四季豆类食物包括菜豆、芸豆、刀豆、扁豆、棍豆等，是人们经常食用的一种蔬菜。四季豆中含有皂素、红细胞凝集素等有毒物质，如烹调时加热不充分，就不能完全破坏这些有毒物质。食入未烧熟的四季豆可引起中毒，潜伏期为1～5小时，出现上腹部不适、恶心、呕吐，并伴有头晕、头痛、腹痛、腹泻等症状，体温一般正常。通常吐泻后迅速自愈，预后良好。

毒蘑菇又称毒覃，属于真菌植物。毒蘑菇的有毒成分比较复杂。一种毒蘑菇中可能含有多种毒素（胃肠型、神经型、溶血型、肝肾损害型），一种毒素又可存在于多种毒蘑菇中。

新鲜黄花菜中含有秋水仙碱，是一种有毒物质。成人如果一次摄入0.1～0.2毫克秋水仙碱（相当于鲜黄花菜50～100克），就

可引起中毒。一般在食用后0.5～4小时出现症状，以呕吐、腹痛、腹泻为主，伴头晕、头痛等。

马铃薯本身含有微量难溶于水的龙葵素，发芽后龙葵素的含量会明显增加，尤其在其幼芽、芽眼周围及皮肉青紫部分的含量更高。人食入龙葵素0.2～4克即可引起中毒。中毒症状：一般食后十几分钟到数小时出现症状，先是咽喉搔痒、口发干、上腹部烧灼感或疼痛，尔后出现胃肠炎症状，剧烈吐泻，可引起脱水及血压下降。

杏仁有两种，甜杏仁大而扁，杏仁皮色浅，味不苦，无毒；苦杏仁个小，杏仁厚，皮色深，近红色，苦味，含有毒物质杏仁甙，桃仁、梅仁、木薯等也含该物质。杏仁甙在人体内可水解出一种剧毒的氢氰酸，引起中毒，轻者头痛、头晕、无力和恶心，4～6小时后症状消失；中度中毒者还有呕吐、意识不清、腹泻、心慌和胸闷等症状；重度中毒者上述症状更为明显，还会出现颜面部及黏膜发绀、气喘、痉挛、昏迷、瞳孔散大、对光反射消失，最后因呼吸麻痹而死亡。

2. 正确加工和烹调食物。正确识别有毒蘑菇，特别是不食用产地和来源不明的蘑菇。不吃河豚鱼。一般食用干黄花菜。如食用新鲜黄花菜必须用开水焯过，再用清水浸泡2个小时以上，捞出用水洗净后再进行炒食，这样就能破坏掉秋水仙碱，食用就安全了。木薯食用时先去皮切片晒干，用水浸泡三天后，不加盖煮熟，可除去大部分氢氰酸。苦杏仁必须用热水浸泡至少半天至一天，勤换水、去皮，不加盖煮熟，尝之不苦，方可食用；要防止儿童误食苦杏仁。吃豆角时，要加热充分，彻底破坏了毒素，才能食用。马铃薯应储藏在低温通风、无阳光直射的地方，以防生芽，生芽较少的马铃薯，应彻底挖去芽和芽眼周围的组织，采用烧、煮充分加热后食用。龙葵素遇醋分解，故烹调时可加些醋。不吃生芽过多及青紫色皮的马铃薯。

3. 如出现上述食物中毒症状，应立即送医院进行急救和治疗。

六、化学性食物中毒

（一）概述

化学性食物中毒是指食物被某些金属、类金属及其化合物、亚硝酸盐、农药等污染，或因误食、投毒引起的食物中毒。常见引起中毒的化学毒物有农药、鼠药、兽药残留、砷化物、瘦肉精、亚硝酸盐、甲醇等。

常见的化学性食物中毒的原因有：食物中存在着天然化学毒素；在食品生产、加工、运输、贮存、销售过程中受到污染；环境中的化学污染物通过食物链和生物富集作用而转移到作为食品的动植物体内；某些污染物通过溶解、机械转移、附着而污染食品；加工烹调不合理，如烟熏火烤造成苯并(a)芘的污染；有些污染物在食品加工或贮存过程中，在适宜条件下形成亚硝胺；误食用农药拌过的粮种，把砷化物、亚硝酸盐误当食盐食用，误将钡盐当明矾使用；生产操作事故，或选用原料不当，使化学毒物混入食品，如日本的森永奶粉事件。近年来，我国发生的化学性食物中毒约占食物中毒的 20%，死亡人数最多，主要是误食、投毒及农药、鼠药使用不当造成。

化学性食物中毒一般发病急、潜伏期短、多在几分钟至几小时内发病，病情与中毒化学物剂量有明显的关系，临床表现因毒物性质不同而多样化，一般不伴有发热，没有明显的季节性、地区性的特点，也无特异的中毒食品。

（二）化学性食物中毒现场处置

1. 对疑似化学性食物中毒的，应尽可能进行快速检测，并送医院急救。越早去医院越有利于抢救，如果超过 2 小时，毒物被吸收到血液里，就比较危险了。对病因已查明的化学性食物中毒，用特效药治疗，如解磷定用于有机磷农药中毒、二巯基丙磺酸钠用于砷或汞中毒、美蓝注射液用于亚硝酸盐中毒、亚硝酸异戊酯用于木薯或氰化物中毒的治疗等等。未能明确诊断的和无特效治疗药物的应进行催吐、洗胃、导泻和综合治疗。

2. 保护现场，封存可疑中毒食物、可疑水源、有关容器、工具用具。保存病人排泄物、呕吐物、洗胃液、血液等，特别是可疑餐次的剩余食品及容器等，以备检验。

3. 为防止中毒蔓延，责令食品生产经营者收回已售出的可能造成食物中毒的食品。必要时应及时通知中毒食品的来源地和流向地的卫生行政部门。

4. 应按《食物中毒个案调查登记表》内容逐项对中毒患者进行调查。核实进餐人数、中毒人数、主要临床症状及中毒发生过程。

5. 确定为化学性食物中毒的中毒食品，应采取相应的分解、灭活措施后焚烧或深埋（2 米），严禁作为食品工业原料或动物饲料使用。对接触化学性中毒食物的容器、设备等应针对化学毒物性质采取相应的消除污染措施，必要时应予以销毁。

6. 对投毒案件，需移交保卫部门或地方公安部门处理。

（三）公众的预防和应对

引起化学性食物中毒的因素比较复杂，针对不同中毒因素采取相应的措施，才能有效预防化学性食物中毒的发生。

1. 预防亚硝酸盐中毒：严格管理亚硝酸盐的保存与使用并限制其添加量，加强蔬菜卫生管理，加强水质监测等。保持蔬菜的新鲜，不要食用存放过久的变质蔬菜；吃剩的熟蔬菜不可在高温下长时间存放后再食用；不要大量食用暴腌菜；加强宣传，不要误食亚硝酸盐。

2. 预防锌、铜、铅等金属中毒：禁止使用镀锌、含铜容器和工具盛放、煮制、加工、运输和保存酸性食物，如番茄酱、果酱、果汁、酸牛奶、酸菜及食醋等；饮食上少食高铅食物，不能用报纸等印刷品包装食品，用食品袋盛装食物时，应避免袋上的字画、商标直接与食物接触，特别是与酸性食品接触；蔬菜水果食用前要洗净，能去皮的尽量去皮，以防残留农药中的铅成分。膳食中包含足够量的优质蛋白质，适当补充维生素C、维生素D、维生素B和叶酸等，可减少金属在体内的蓄积，吃些牛奶、茶叶、海带、大蒜等驱铅食物也可促进铅的排出。

3. 预防农药中毒：生长期短的蔬菜，严禁喷洒甲胺磷类长效、高毒农药。确需喷洒农药时，应使用高效、低毒、残留期短的农药，并一定要按剂量喷洒和达到安全间隔时间才能采摘上市。严禁采摘和食用刚喷洒过农药的瓜果、蔬菜。蔬菜、瓜果食用前要用清水充分清洗或浸泡。蔬菜还可用沸水“烫”后再炒食加工。有关部门实验证明：清水浸泡蔬菜30分钟可消除残留农药31.9%，沸水浸泡1分钟可消除93.8%，沸水浸泡3分钟可消除96.8%，而蔬菜中的维生素C只损失10%左右。加强农药管理，严防农药滥用或污染食物以及误食。

4. 在发生化学性食物中毒后应立即送医院急救并提高警惕，防止投毒案件的发生。

第二节　食品安全

一、食品安全概述

食物是人类赖以生存和发展的最基本的物质条件，俗话说：“民以食为天”，食品安全问题是关系到千千万万人民群众切身利益的社会问题，是关系到人类的生活、繁衍和发展的重要课题。

什么叫不安全食品？世界卫生组织的定义是：食品中含有有毒有害物质，对身体健康有影响的食品。我国当前的食品安全问题日益严峻，令人心惊胆战。对频发的食品安全事件，网上流传着这样的的话：中国在食品中完成了科普：从大米中我们认识了石蜡；从火腿中我们认识了敌敌畏；从咸鸭蛋、辣椒酱中我们认识了苏丹红；从火锅里我们认识了福尔马林；从木耳中我们认识了硫酸铜；从奶粉中知道了三聚氰胺。

近年来，危害人民身体健康甚至危及生命的食品安全方面的重大事件频频发生，其数量和危害程度呈日益上升的趋势。如2001年发生在浙江省的白砂糖中添加"吊白块"案件；重庆市"毛发水"酱油事件；上海的"染色"馒头事件，广东省劣质大米案件；新疆双汇的"瘦肉精"(即盐酸克伦特罗)猪肉事件，地沟油加工后重回餐桌事件，三鹿奶粉事件等等。此外，涉及到因假酒、农药残留、食品或饲料中添加违禁物质造成的食物中毒，导致人员死亡和大批人员集体住院的事件时有发生。据专家估计，我国每年食物中毒报告涉及的总人数为2～4万人，但这一数字尚不到实际发生数的十分之一，也就是说我国每年食物中毒人数大约为20～40万人。

二、食品安全问题频发的原因

1. 体制、技术、法律法规跟不上，科技水平仍相对落后，食品行业标准相对滞后，为不少问题食品的产生提供了生存的空间。由于环境污染而导致的食品安全风险也居高不下。

2. 相关部门对食品安全生产的操作监管不力，食品安全的监管和奖惩机制不健全。

3. 缺乏诚信和公信道德，功利主义思想比较严重，使得中国食品行业严重违规、违法生产销售不合格食品的现象屡禁不止。

4. 国民的食品安全意识薄弱，很多消费者缺乏食品安全方面的常识，一次事件过后，往往也不会去思考它深层次的原因。

三、解决食品安全问题的对策

1. 转变管理理念与模式。从传统的“危机管理模式”转向“风险管理模式”，不是发生危机后才处理，而是在问题出现之前预测到风险，提前做好法律与管理的制度建设，将问题解决在萌芽之中。

2. 规范食品产业链，改变管理体制、转变生产方式、降低成本费用。

3. 完善食品安全监管体系，监管工作要重点突破，以点带面，重点规范管理好直接影响民生的几大食品问题。

4. 强化食品安全监督监测的技术和人才体系建设。

5. 建立健全责任制和责任追究制。健全相关法律和惩戒机制。

6. 强化对公众的食品安全宣传与教育工作。

四、公众食品安全策略

1. 尽量在家就餐。

2. 如到外面餐馆就餐，需查看餐馆的营业执照和餐饮服务许可证。

3. 购买食品，需查看食品成分、生产日期、厂家、保质期以及QS标志等。

4. 有自我保护意识，不要多吃对健康不利的食品。

5. 尽量不吃油炸的零食，小吃。

6. 不暴饮暴食冷饮、饮料类食品。

7. 在准备食物和吃饭前一定洗手。

8. 尽量到大型超市去购买食物，购买品牌产品。

9. 加强食品安全知识的教育和培训。

第三节　食物中毒与食品安全案例

一、细菌性食物中毒事件

细菌性食物中毒多由于食用了被细菌污染的食物引起，主要症状是呕吐、腹泻。特别易在夏秋季节好发，而且都发生在聚餐、婚宴、学校集体食堂等地方。

2011 年河南曲沟“婚宴”事件，近百人住院治疗，经过安阳市疾病预防控制中心对抽检物进行检验分析后得出调查结论，赴宴村民腹泻、呕吐、发烧等症状是由于食用婚宴中一种含有沙门氏菌的丸子所引发的。沙门氏菌是一种较为常见的引发肠道疾病的细菌之一。平时不小心吃了不卫生的饭菜导致的拉肚子可能就是由沙门氏菌感染引起，主要症状有呕吐、腹泻、腹痛、发烧等。在引起沙门氏菌中毒的食品中，90％以上是肉类等动物性食品，也可由家禽、蛋类、奶类食品引起。

2010 年 10 月 22 日晚和 23 日中午，四川省崇州市龚某为其子举办婚宴。截至 10 月 27 日崇州市各医院先后接诊参加婚宴的腹泻患者 396 人，确诊中毒病人 48 人，经检验确认为副溶血性弧菌食物中毒事件。原因为红烧甲鱼和香辣蟹未彻底加热煮熟煮透引起的中毒，副溶血性弧菌在近海海产品中带菌率达 90％。所以对餐饮从业者需加强宣传，低温储存肉类食品，并做到生熟分开，防止交叉污染。同时，加工后的熟肉制品应尽快食用，尽可能缩短储存时间。此外，为彻底杀灭肉类食品中可能存在的沙门氏菌和其他细菌并灭活其毒素，应使肉块深部温度至少达到80℃，并持续12分钟。

2011年7月杭州市萧山区发生幼儿集体食物中毒，陆续有42名幼儿出现呕吐、腹泻等症状，致病的元凶是中午幼儿们集体食用的变质剩饭。杭州市和萧山区两级疾控中心在对就诊者的呕吐物、粪便以及食品样品等开展48小时的细菌培养后，分别从剩饭样品和患儿的呕吐物中检出金黄色葡萄球菌。最终确定本次幼儿集体中毒事件的致病原因为金黄色葡萄球菌食物中毒，中毒食物为变质剩饭。夏秋季节是金黄色葡萄球菌极易繁殖和传播的季节。盛夏高温极易导致食物腐化变质，并遭到金黄色葡萄球菌等多种细菌污染繁殖。无论是机构、家庭还是个人，都要注意食品安全，不要食用剩饭剩菜，避免发生类似事件。

二、真菌毒素食物中毒事件——黄曲霉素与肝癌

上世纪六七十年代，我国江苏启东肝癌的发病率十分惊人，高到全世界“瞩目”！于是中国政府组织中外专家调查发病原因，经过若干年的研究调查，发现启东一带气候潮湿，农民收下的粮食晒不干，容易发霉，农民吃了以后容易得癌是因为发霉的粮食里黄曲霉素含量很高。许多食品存放不当都会发生霉变，凡是霉变的食品都有可能存在黄曲霉素。霉菌易在粮食、油类及其制品和坚果上生长，如花生，棉籽，干果类中的核桃、杏仁、榛子，奶制品，干咸鱼，海米，干辣椒，干萝卜条等，其中花生及其制品黄曲霉素的含量最高。黄曲霉素是由黄霉菌产生的真菌霉素，是目前发现的化学致癌物中最强的物质之一，主要损害肝脏功能并有强烈的致癌、致畸、致突变作用，能引起肝癌，还可以诱发骨癌、肾癌、直肠癌、乳腺癌、卵巢癌等。黄曲霉素具有比较稳定的化学性质，只有在280℃

以上高温下才能被破坏，它对热不敏感，100℃/20 小时也不能将其黄曲霉素完全去除。黄曲霉素对肝的毒性等于氰化钾的 10 倍，等于砒霜的 50 倍，为了防止产生黄曲霉素，平时存放粮油和其他食品时必须保持低温、通风、干燥、避免阳光直射，不用塑料袋装食品，尽可能不囤积食品，注意食品的保存期，尽可能在保存期内食用。生活中可改用茶树油、橄榄油等不易产生黄曲霉素的植物油。此外，不吃霉坏、皱皮、变色的食品。

三、有毒动植物食物中毒事件

(一) 1999 年浙江瑞安某工程队河豚鱼中毒事件

1999 年 12 月 20 日晚 5 时，瑞安市某工程队的民工 14 人在食堂用餐，当晚主食为米饭，菜有萝卜、白菜、猪肉、鱼烧豆腐。晚 6 时许，有 8 名民工相继出现不同程度的口渴、口唇麻木、四肢麻痹、腹痛、头晕、呼吸困难等症状。晚 7 时 40 分，病情最严重的民工尹某被送到医院时，自主呼吸已停止，虽经医务人员全力抢救，尹某仍因呼吸衰竭于次日凌晨死亡。其他 7 名民工在医院用硫酸铜溶液催吐，给予对症治疗后病情逐渐好转，均于 1～2 天内恢复。经调查，该工程队食堂卫生条件恶劣，民工均来自内地省份，平时饮食卫生习惯不良。当晚他们吃的鱼是在滩涂上捡到的，重约 2 千克、由食堂厨师(非正规厨师)尹某自行处理烹调。据当日见过该鱼的民工称：鱼已死亡，看上去还新鲜，其外形如皮球，头小、尾小、肚子特别大，表皮具有漂亮的花纹，他们此前没见过这种鱼。在现场采集的残留食物中发现鱼的残骸，其头小、口腔有 2 颗尖锐的目齿。经辨认和检定，确认此鱼为河豚鱼。在食堂用餐的共有 14 名民工，其中 8 人食用鱼烧豆腐并发病，6 人没有食用鱼烧豆腐的民工，无 1 人发病。8 人出现的临床症状与河豚毒素中毒临床症状相似，潜伏期约为 30 分钟～1 小时，罹患率为 100%。根据流行病学、卫生学调查及鱼的形态检定可以确定这是一起典型的误食河豚鱼中毒事件。因此各级政府部门应高度重视河豚鱼中毒事件，认真贯彻《食品安全法》和《水产品卫生管理办法》，组织力量加强对海产品市场进行卫生安全监督检查，一旦发现任何单位或个人擅自生产、经营鲜河豚鱼及其制品，要按照《食品安全法》等法律法规要求，予以严肃处理。同时应利用有线电视、报纸等新闻媒体开展广泛宣传教育工作，向群众讲解河豚鱼的辨别要点和中毒的危险性，增强群众对河豚鱼中毒的警惕性，做到不销售和食用河豚鱼。严格规范河豚鱼捕捞、收购、存放、调运、加工等过程，严禁河豚鱼流入市场。去除的河豚鱼头、皮、内脏、血液及漂洗的水不可喂养牲畜，也不可随便抛弃，以免误食中毒。

（二）2003 年南京市某中学四季豆食物中毒

2003 年 11 月 4 日 23 时 55 分，南京市栖霞区卫生监督所值班人员接到某医院急诊医生的报告，某中学有 20 多名学生出现恶心、呕吐等胃肠症状。接报后，该所立即组织卫生监督员前往医院进行调查。2003 年 11 月 4 日晚 17 时 10 分，有 135 名学生和 15 名教职员工在该校食堂就餐，食物有四季豆炒肉丝、土豆炒肉片、炒大白菜、鱼香肉丝、米饭、青菜汤等。进食 2 小时左右，陆续有学生出现恶心、呕吐、腹痛等症状。截至凌晨 2 时 30 分最后 1 例发病，共有 41 人（其中学生 39 人，教职员工 2 人）出现相似的临床症状，罹患率为 27.33%。病人潜伏期最短 2 小时，最长 8 小时，平均潜伏期 4.4 小时。患者主要症状是恶心、呕吐、腹痛、头晕，仅有两人出现轻微腹泻症状。经医院给予输液、抗炎和对症治疗，于 11 月 5 日凌晨 5 时全部痊愈返校。

事件发生后，南京市、栖霞区卫生局迅速组织卫生监督员进行调查取证，监督员和检验人员采集患者的呕吐物、排泄物以及该校食堂当日剩余的四季豆炒肉丝，送江苏省疾控中心检验，检测结果为皂甙素阳性，根据现场流行病学、卫生学调查及实验室检定结果可以确定，这是一起典型的食用未煮熟四季豆引起的食物中毒事件，食品卫生知识缺乏，卫生监管不力是造成这次食物中毒的重要原因。四季豆、芸豆（菜豆）、扁豆，含有皂甙，黄豆含豆皂素，一般情况下，在烹调过程中将其破坏，不会引起食物中毒。如果在烹调时没有将四季豆炖熟、煮透（集体食堂大锅菜极易发生此类情况），使豆皂素没有被完全破坏，就会引起食物中毒。皂素，对消化道有强烈的刺激性，可引起出血性炎症，并对红细胞有溶解作用，加热100℃，30分钟以上可破坏其毒性。

四、化学性食物中毒事件——近年若干亚硝酸盐中毒事件

2005年9月7日，北京朝阳区崔各庄乡发生32人由于食用含有亚硝酸盐的毛鸡蛋中毒事故，其中1名儿童经抢救无效死亡。事故发生后，北京市卫生局立即组织有关人员开展现场调查、取样、检测工作。到达现场后卫生监督员和市疾控中心工作人员经现场调查和快速检测分析，初步认定这是一起由于亚硝酸盐引起的食物中毒事故。现场检测表明，加工的毛鸡蛋混合调料中亚硝酸钠为阳性。事故的经过是卖毛鸡蛋的老太太将别人存放其处的亚硝酸钠误认为是食用盐，在其暂住地制作毛鸡蛋过程中在佐料中加入亚硝酸钠，并将含有亚硝酸钠的毛鸡蛋运至崔各庄村读书小学西侧出售，致使32名食用者中毒，其中一名男孩经抢救无效死亡。经鉴定及检测，被害人属亚硝酸盐中毒死亡，其他中毒者呕吐物中亚硝酸盐呈阳性或强阳性。被告人汪某当日被抓获归案并因过失投放危险物质罪获刑4年半。

2011年4月7日上午，平凉市崆峒区发生一起疑似食物中毒事件，截至当日下午3时30分，平凉市当地两家医院共收治疑似食物中毒病例37例，其中3人已死亡。事发后平凉市、崆峒区疾

控中心立即前往医院开展流行病学调查。经初步调查,疑似食物中毒病例均服用过当地养殖户马文选家的散装牛奶,根据患者临床表现,初步诊断为疑似亚硝酸盐中毒,平凉市和崆峒区两级公安部门也迅速展开了侦查工作,并将患者呕吐物、有关奶牛场残存奶的样品送上级有关部门进行权威检测。检测显示,检测物中含有高浓度亚硝酸盐,所以确认此次食物中毒事件系亚硝酸盐引起。经过经现场反复勘验,调查取证,检验鉴定,公安部门确认此案为特大投毒案件,投毒犯罪嫌疑人系崆峒区柳湖乡泾滩村村民吴某、马某夫妇。吴某、马某夫妇与马文选合租一个大的奶牛院经营各自的奶场,因行业竞争产生怨恨并伺机报复。4 月 5 日 14 时许,吴某之妻马某乘马文选夫妇不备,在马家牛奶内投放少量亚硝酸盐,未产生严重后果。4 月 6 日 10 时许,马某再次投放亚硝酸盐,致 39 人中毒。

2010 年 10 月 8 日,一众广州旅行团游客在四川海螺沟景区食用当地酒店提供的早餐后出现中毒症状,包括酒店员工以及游客在内总共一百余人被送院治疗,其中广东游客谭女士经抢救无效死亡,后查实此次事件为酒店误将工业用盐当做食用盐使用后导致,四川省疾控中心的检测显示,1 公斤面条含 10.8 克亚硝酸盐,1 公斤烫饭含 11.3 克亚硝酸盐,1 公斤泡菜含 8.41 克亚硝酸盐。疾控中心专家表示,摄入 2～3 克亚硝酸盐便可导致一个成年人死亡,这顿早餐称得上是一顿剧毒早餐。

在我国化学性食物中毒事件中,由亚硝酸盐引起的中毒事件位居前列。亚硝酸盐中毒多为误服误用,或者故意投毒。亚硝酸盐中毒事件的频发暴露了相关管理部门对其产销途径监管的缺失,餐饮从业者违法加工使用亚硝酸盐,以及素质不高责任心缺失,也提醒有关部门应加强食品安全知识的普及,提高公众食品安全意识,尽量减少该类事故的发生。

五、食品安全事件

（一）安徽阜阳劣质奶粉事件

2004年4月安徽省阜阳市不法分子利用淀粉、蔗糖等制造劣质奶粉导致当地百余名婴幼儿成为“大头娃娃”（营养不良所致），12名婴儿死亡。事件发生后，国务院派出调查组赴当地展开调查，通过对阜阳劣质奶粉进行检验，发现奶粉中蛋白质、脂肪和微量营养素含量不足，部分奶粉菌落总数和大肠菌群超标。奶粉中低蛋白质、低脂肪、低微量营养素和碳水化合物占能量比过高是造成阜阳婴幼儿营养不良的主要原因。

（二）三鹿奶粉事件

2008年6月28日，位于兰州市的解放军第一医院收治了首例患“肾结石”病症的婴幼儿，据家长们反映，孩子从出生起就一直食用河北石家庄三鹿集团所产的三鹿婴幼儿奶粉。7月中旬，甘肃省卫生厅接到医院婴儿泌尿结石病例报告后，随即展开了调查，并报告卫生部。随后短短两个多月，该医院收治的患婴人数就迅速扩大到14名。9月，除甘肃省外，陕西、宁夏、湖南、湖北、山东、安徽、江西、江苏等地都有类似案例发生。9月11日晚卫生部指出，近期甘肃等地报告多例婴幼儿泌尿系统结石病例，调查发现患儿多有食用三鹿牌婴幼儿配方奶粉的历史。经相关部门调查，高度怀疑石家庄三鹿集团股份有限公司生产的三鹿牌婴幼儿配方奶粉受到三聚氰胺污染。卫生部专家指出，三聚氰胺是一种化工原料，可导致人体泌尿系统产生结石。9月13日，党中央、国务院对严肃处理三鹿牌婴幼儿奶粉事件作出部署，立即启动国家重大食品安全事故Ⅰ级响应，并成立应急处置领导小组，卫生部党组书记高强在“三鹿牌婴幼儿配方奶粉”重大安全事故情况发布会上指出，“三鹿牌婴幼儿配方奶粉”事故是一起重大的食品安全事故。

三鹿牌部分批次奶粉中含有的三聚氰胺，是不法分子为增加原料奶或奶粉的蛋白含量而人为加入的。9月15日，甘肃省政府新闻办召开了新闻发布会称，甘谷、临洮两名婴幼儿死亡，确认与三鹿奶粉有关。当年三鹿奶粉宣布破产，所有犯罪人员受到了法律的严厉制裁。

从上述“毒奶粉”事件中我们意识到虽然他们只发生在我国的部分地区，但涉及的是广大中低收入人群，很快造成了全国性的影响。由此联系到近年来一些地方出现的假酒、毒酒、致癌劣质大米，以及不法分子在粮食制品中掺入非食用原料甲醛、二氧化硫、甲醛次硫酸氢钠(吊白块)，用矿物油喷涂饼干，用硫黄和工业盐给竹笋保鲜，用病死变质的母猪肉炮制“鲜”肉松，等等，无不令人触目惊心。中国人口多，环境保护意识相对落后，生存环境质量不高，农业之外的环境污染会不可避免地危及农作物及其产品；而农牧业种植、养殖的源头污染严重，农药、兽药滥用导致有害物残留量超标，也成为影响食品安全的重要因素。因此政府部门应加强市场监管，重建商业道德，保障食品安全。

第二十章　群体性不明原因疾病

第一节　概　述

群体性不明原因疾病，是指一定时间内（通常是指2周内），在某个相对集中的区域（如同一个医疗机构、自然村、社区、建筑工地、学校等集体单位）内同时或者相继出现3例及以上相似临床症状和体征的患者，且病例数不断增加，范围不断扩大，经县级及以上医院组织专家会诊，不能诊断或解释病因，有重症病例或死亡病例发生的疾病。

群体性不明原因疾病具有临床表现相似性、发病人群聚集性、流行病学关联性、健康损害严重性的特点。该类疾病可能是传染性疾病，也可能是某种因素导致的中毒。原因不明是相对于一定的时间期限而言，通过细致的调查和研究，病因往往是可以被确定的。群体性不明原因疾病一般都具有相对特异性的临床表现和流行规律，但由于人类认识水平和技术水平等的限制，临床上往往难以明确诊断，一时也无法采取有效的防治措施，严重威胁人类生命和健康。我国已将其纳入突发公共卫生事件范畴进行管理和处置。

在人类历史上，群体性不明原因疾病的发生屡见不鲜，许多重要传染病和中毒事件等总是首先以神秘面孔侵袭人类。2005 年 6 月，我国四川资阳等地暴发不明原因疾病，后确认为猪链球菌 2 型感染人所致，发生病例 204 人，死亡 38 人。2005 年 6 月，安徽泗县发生因接种甲肝疫苗出现群体性不良反应，住院人数达 311 例，后确认为群体性心因性反应。上述事例表明，群体性不明原因疾病对人类健康和生命财产的危害是巨大的。

第二节　群体性不明原因疾病的病因和主要表现

一、群体性不明原因疾病的病因

群体性不明原因疾病的病害因素多种多样，按其性质大体可分为生物性因素、物理性因素、化学性因素和心因性因素等 4 大类。

（一）生物性因素

生物性因素是引起群体性不明原因疾病最常见的原因，也是人类认识传染病的基本模式。在未确定疾病暴发和流行是哪一种病原微生物或其代谢产物引起之前，均归为群体性不明原因疾病范畴。

（二）化学性因素

化学性因素引起的群体性不明原因疾病，常表现为食物中毒、职业中毒、环境污染等突发性公共卫生事件。有害因素主要包括工业事故、交通事故、人为毒害、误食毒物、环境污染和化学武器等。

（三）物理性因素

从历史上看，引起群体性不明原因疾病最为常见的物理因素是核泄漏导致的放射性泄漏。如战争中贫铀武器的使用，导致区域性生态破坏和群体性健康危害，核爆炸形成的放射性尘埃造成的群体性病害，这在历史上均有案例。

（四）心因性因素

心理因素导致的群体疾病常见的是群体性心因反应（又称群体性癔症）。心因反应是外界刺激经过个体的心理过程而导致的行为和躯体的变化，症状主要是头晕、头疼，严重的甚至会出现四肢麻木、抽搐、口吐白沫乃至昏迷。群体性心因反应则是心因反应的一种，主要是一个或少数中心人物引发了整个群体的心理作用。易受暗示的人群相对而言容易发生心因反应，多发生于在学校学生中开展预防接种和预防服药时，若伴有接种事故或接种反应，则更易出现群体性应激反应。

二、群体性不明原因疾病的主要表现

群体性不明原因疾病不是一种有特定临床综合征的疾病，而是以人类认知力所限定的一组有特定内涵的疾病群的总称，可以是群体性传染性疾病、中毒或癔病等。从流行病学角度看，群体性不明原因疾病除了表现出流行时间相对较长、传播速度快、传播范围广、受害人数多等特殊性外，其在传染源或毒源、传播途径、危险因素等方面与其他易识别的传染病、化学品中毒相比，并无特殊性。

第三节　群体性不明原因疾病的现场应急处置

群体性不明原因疾病的现场应急处置是一项专业性和实践

性很强的复杂的系统工程。事件发生后，应根据已掌握的情况，尽快判定事件性质，评估其危害程度，并根据疾病控制的基本理论和已有的疾病控制实践经验，选择适宜的应急处置措施。根据应对的时序，可分为疫情处置准备和现场处置的组织和实施。疫情处置准备越充分，处置的组织管理工作越细致，预防控制效果越好，可极大程度地降低疫病造成的危害。现场处置工作应遵循边调查、边抢救、边处理、边核实，科学有序、及时有效控制事态发展的原则。一方面，需及时抢救受害者的生命，使之尽快脱离危险；另一方面，采取应急措施尽快明确危险因素，并最大限度地控制事态的扩展，尽可能多地减少受害者的数量。

一、启动医疗救治工作机制

主要包括现场急救和医院治疗，开展病人接诊、收治，必要时将患者转送其他指定的医院。医疗救护应强化消毒隔离、个人防护和医疗废物处理工作，防止院内交叉感染和污染。

（一）现场急救

发生严重的群体性不明原因疾病事件时，搜寻、急救任务往往很重。应立即将受害者脱离可疑危险现场，必要时应立即隔离，防止病原体或致病因子的进一步扩散。通常情况下，若条件允许，应该先就近给予病员以充分的抢救治疗，再送往医院，以免在转送过程中耽搁治疗时机。

（二）后送治疗

医院接报后，应立即调动全院相关医疗力量，做好接诊准备、病员预检分诊、检查方案、临床诊断和治疗等工作，必要时将患者转送相关专科医院。群体性不明原因疾病的发生通常会出现大批量的伤病员，突如其来的情况往往超过就近的接诊医院甚至当地整个卫生系统的抢救承受能力。为此，要居安思危，有备无患，制定综合性、针对性的应急预案，对提高应急抢救能力极为重要。

二、保护高危人群

根据对现场情况的初步判断，对疑似受害者、受害者的密切接触者以及其他高危人群，采取相应的医学观察措施。

三、尽快查明事件原因

组织专业人员尽快查明原因，是有效抢救、治疗、控制、预防疾病的关键。原因明确后，各项措施的落实才更有针对性，目标才更明确。

四、现场控制处理

突发事件发生后，现场往往受到有害因素的污染，需要进行清理甚至消毒，以防有害因素的继续扩散。因此，在现场调查和采样后，应立即清理现场，根据可能的致病因素采取适当的措施。如怀疑是职业中毒、饮水中毒，往往都是有污染源的，必须查找和杜绝污染源，如堵泄漏、堵井喷、堵排污口等；如怀疑是病原生物引起，应采取消毒、杀虫措施等。

五、健康教育

及时开展宣教工作，向高危人群传授有关的医学常识，指导公众如何避免高危因素，解除顾虑，消除焦急不安和恐慌的情绪。同时，按规定权限，及时公布事件有关信息，并利用媒体向公众宣传防病知识，正确引导大家积极参与疾病控制工作。应适时地与媒体、患者及其家属、社区进行沟通，充分利用、发挥媒体的积极作用，特别是对媒体已介入或群众反响较大的事件，更应主动引导媒体报道，正确对待社会传言，防止事件恶化。

六、特殊的防护措施

一般来说，在群体性不明原因疾病的处置初期，如危害因素不明或其浓度、存在方式不详，应按照类似事件最严重性质的要求进行防护。对工作中可能接触各种危害因素的现场调查处理人员必须遵循以下防护原则：在群体性不明原因疾病的处置早期，实验室工作人员、医院传染科医护人员等，根据疾病的临床特点、流行病学特征以及实验室检测结果，必须采取一定的防护措施：戴防护眼镜，双层橡胶手套，防护鞋靴。一旦明确病原学，应按相应的防护级别进行防护。对于原因尚难判断的情况，应该使用一次性医用防护服，也可选用其他防护服。防护服应穿着舒适，对颗粒物有一定的隔离效率，表面光滑。

根据放射性污染源的种类和存在方式以及污染浓度，对各种防护服的防护参数有不同的具体要求。此类防护服要求皱褶少，具有较高的防水性、透湿量、抗静电性和阻燃性。

疑似化学物泄漏和中毒导致疾病的应急处置防护按其防护性能可分为四级：1. A级防护：能对周围环境中的气体与液体提供最完善保护；2. B级防护：适用于环境中的有毒气体（或蒸汽）；3. C级防护：适用于低浓度污染环境或现场支持作业区域；4. D级防护：适用于现场支持性作业人员。一个区域内使用的防护服不适合在另一区域内使用。疑似传染病疫情现场；救治患者的人员处在对生命及健康可能有即刻危险的环境中（即在此区域的人员）均需按A级（窒息性或刺激性气态毒物等）或B级（非挥发性有毒固体或液体）防护要求。

第四节　公众预防和应对

根据群体性不明原因疾病的特点，公众在预防和应对时应做到以下几点：

1. 培养良好的个人卫生习惯，经常用肥皂和流水洗手，不混用毛巾，增强自我保护意识。注意个人饮水卫生和食品卫生。

2. 注意加强营养，均衡饮食，加强户外锻炼，注意劳逸结合，避免过度劳累。根据天气变化注意增减衣物，增强自身抵抗疾病的能力。

3. 经常开窗换气，确保室内空气流通。传染病流行季节，可采用醋酸等弱酸性物质进行空气消毒。保持空调设备的良好性能，并经常清洗隔尘网。勤打扫卫生，勤晒衣服和被褥等。

4. 出现不明原因疾病流行时，尽量不要到医院探视传染病病人；探视时必须戴医用口罩，尽量缩短探视时间；最好隔窗探视。呼吸道传染病流行期间，应避免前往空气流通不畅、人员密集的公共场所。

5. 外出特别是出国时，应事先了解目的地的疫病流行情况，向防疫人员咨询，必要时注射相应疫苗和服用预防药物，做好免疫防护。

6. 饲养动物时，搞好动物的清洁卫生和免疫接种，注意观察，发现疾病要及时处理。不随意食用野生动物。

7. 学习心理卫生知识，提高自己的心理调适能力和心理稳定性。建立自身和谐的社会关系，在应激事件发生时尽可能获取强有力的社会支持，保持健康的心理。

8. 在明确致病原因后，根据具体情况做好相应的应对工作

(参照前述)。

第五节　群体性不明原因疾病案例

一、2005年资阳怪病

2005年6月下旬开始,四川省资阳市的几家医院,陆续收治了一些得了怪病的病人,发病时会出现高热、乏力、恶心、皮下淤血、休克等症状,而且感染这种怪病的人数正在一天天增加。到7月21日,有9个病人抢救无效死亡。到7月23号,死亡人数增加到17人。7月24号死亡人数达到19人,而到7月26日,已经有117人感染了这种怪病,其中24人死亡。至8月20日12时止,四川省累计报告病例204例,其中死亡38例。病例分布在资阳、内江、成都等12个市,37个县(市、区),131个乡镇(街道),195个村(居委会)。因为无法明确致病的原因,所有收治病患的医院均按照非典时的隔离消毒模式和制度进行工作。

怪病发现后,四川省卫生厅专家组抵达资阳,将此事定性为重大突发公共卫生事件。7月20日,经过卫生部和四川省卫生厅会诊讨论,给这种怪病暂时起了一个名字,叫"资阳中毒性休克综合症"。专家发现这些怪病病人都有一个共同点:发病之前他们都接触过病死猪肉。就在怪病逐渐蔓延的时候,资阳附近农村病死猪的数量也在上升,到7月25日,资阳、内江的43个乡镇、73个村中共发现了459头病死猪,这些猪也是不明原因猝死的。通过进一步了解,目标锁定在了被宰杀,切割的死猪身上。死猪样本被送到了北京进行化验,化验结果终于揭开了这个怪病之谜,是猪链球菌感染,宰杀病死猪时,通过直接接触传染人而患病。疫情发生后，四川省派出了400多名兽医人员现场监督指导，对病死猪进行了无害化处理，严格封锁疫区，限制生猪加工外销出口，并设立了50个公路临时检查站，不允许病死猪流出疫区。防疫部门对死猪深埋，对掩埋区进行表面消毒，对运输死猪的沿线也进行消毒。经过卫生部、农业部和四川省及疫区党委政府等有关方面的共同努力，查明了病原及其传播途径，各项防控措施落实到位，取得明显成效，到8月20日疫情基本得到控制。

人感染猪链球菌并引起发病的情况比较少见。此前，全球只有200多例人感染猪链球菌的病例报告，主要分布在北欧和南亚一些养殖和食用猪肉的国家和地区。人感染猪链球菌的直接原因是宰杀、加工、食用病死猪。一般情况下，病例呈散状分布，尚未发现人与人之间传染的现象。人一旦被感染该病，平均潜伏期是2～3天，大多数在发病初期会出现高热、全身不适，眩晕等症状，严重的会出现败血症和脑膜炎。对猪链球菌病，通过预防治疗和采取免疫、消毒等综合措施，是可以控制和扑灭的。

二、安徽泗县甲肝疫苗注射事件

2005年6月17日，安徽泗县2 444名学生接种甲肝疫苗后，部分学生出现异常反应住院观察治疗，人数累计达300人。经过专家组调查，这是一起因为集体接种导致的群体性心因反应。这些孩子所显现的身体症状多是头晕、头疼、四肢抽搐，这些是癔症的主要表现。而疫苗过敏反应的身体症状应表现为注射过的地方局部红肿，严重的会发生皮疹甚至大面积溃烂，再严重的可能会出现肾衰竭。泗县群体性癔症原因流程图：1. 学校提前发注射通知单，学生开始紧张；2. 第二天，医生把疫苗发到学生手中，学生等20分钟到一个小时才注射上疫苗，心里已非常紧张；3. 全班在教室集体注射，同学被针扎的痛苦表情甚至哭声都亲身见证，进而加深了恐惧感，心里无比紧张，感到头痛、头晕；4. 放学后家长反复询问是否头痛，给了孩子进一步暗示，加重了癔症的身体症状；5. 在疫苗事件发生后，当地政府贴出通知，要求接种了甲肝疫苗的2 444 名学生前往医院抽血检验，从某种角度上让打过疫苗的学生及其家长倍感不安。卫生部部长高强通报此次事件说：这起事件主要是因为基层防疫部门违规操作，擅自进行集体性疫苗接种而导致的群体性事件。

上海市精神卫生中心杜亚松教授是专门从事青少年心理问题的专家，也是此次国家卫生部派出的专家组成员，据他介绍，群体性心因反应就是癔症，现在更科学的理解是"歇斯底里"，多发生在6～15 岁的少年儿童和女性当中，症状主要是头晕、头疼，严重的甚至会出现四肢麻木或抽搐，口吐白沫乃至昏迷，这些外在表现出来的症状究其根底就是心理问题。癔症发病先是有一个诱发因素，然后再加上外界不断的心理暗示，于是患者产生心理紧张，进而出现不适的身体症状。癔症是心理问题，治愈它的最好方法就是告诉患者事实真相，消除他的紧张感。最简单的办法就是组织医护人员向孩子及其家长反复解释什么是癔症，并把孩子各项检验结果拿给他们看，告诉他们孩子是正常的。

为避免疫苗接种所引起的群体性心因性反应，应严格遵守《疫苗流通和预防接种管理条例》，因为预防疾病的需要，在一个地区局部进行群体性疫苗接种，须由当地人民政府决定，报省卫生厅备案；如需要在全省范围内进行群体性接种疫苗，须由省级人民政府批准，并报国家卫生部。任何单位和个人都不准擅自进行群体性疫苗接种。

第二十一章 动物疫情

第一节 概 述

动物疫情指动物疫病发生、流行的情况，包括家畜家禽和人工饲养、合法捕获的其他动物。动物疫情涉及动物的饲养、屠宰、经营、隔离、运输等活动。重大动物疫情是指高致病性禽流感等发病率或者死亡率高的动物疫病突然发生，迅速传播，给养殖业生产安全造成严重威胁、危害，以及可能对公众身体健康与生命安全造成危害的情形，包括特别重大动物疫情。

2011 年 6～7 月，全球通报发生的重大动物疫情主要有禽流感、口蹄疫、非洲猪瘟、古典猪瘟、蓝耳病、新城疫和裂谷热等。全球高致病性禽流感疫情暴发趋势减缓，但多数国家仍没有宣布疫情解除，其复发风险依然存在；德国、荷兰、美国继续在家禽中发现 H7 型低致病性禽流感病毒；亚洲、非洲地区口蹄疫暴发依然频繁，越南口蹄疫疫情全国蔓延，以色列、哈萨克斯坦和莫桑比克继续发生口蹄疫。2009 年以来，在我国新疆、内蒙、山西、上海等地也发生过高致病性猪蓝耳病、H5N1 亚型高致病性禽流感、A 型口蹄疫、亚洲Ⅰ型口蹄疫等动物疫情，给人民的生命财产安全带来了极大的危害和损失。

第二节　动物疫情的报告

2007 年 8 月，全国人民代表大会常务委员会修订通过《中华人民共和国动物防疫法》，该法对动物疫情的报告、通报和公布都作出了规定。例如，动物疫情由县级以上人民政府兽医主管部门认定；其中重大动物疫情由省、自治区、直辖市人民政府兽医主管部门认定，必要时报国务院兽医主管部门认定，发生人畜共患传染病的，县级以上人民政府兽医主管部门与同级卫生主管部门应当及时相互通报。国务院兽医主管部门应当依照我国缔结或者参加的条约、协定，及时向有关国际组织或者贸易方通报重大动物疫情的发生和处理情况。国务院兽医主管部门负责向社会及时公布全国动物疫情，也可以根据需要授权省、自治区、直辖市人民政府兽医主管部门公布本行政区域内的动物疫情。其他单位和个人不得发布动物疫情。任何单位和个人不得瞒报、谎报、迟报、漏报动物疫情，不得授意他人瞒报、谎报、迟报动物疫情，不得阻碍他人报告动物疫情等事项。

第三节　动物疫情的应急处置

2005 年国务院颁布了《重大动物疫情应急条例》，针对重大动物疫情发生后的应急处理规定了具体的措施，明确指出疫点、疫区和受威胁区的范围划定应当根据不同动物疫病病种及其流行特点和危害程度，并采取相应的应急控制措施。

一、对疫点采取的措施

1. 扑杀并销毁染疫动物和易感染的动物及其产品。

2. 对病死的动物、动物排泄物、被污染饲料、垫料、污水进行无害化处理。

3. 对被污染的物品、用具、动物圈舍、场地进行严格消毒。

二、对疫区采取的措施

1. 在疫区周围设置警示标志，在出入疫区的交通路口设置临时动物检疫消毒站，对出入的人员和车辆进行消毒。

2. 扑杀并销毁染疫和疑似染疫动物及其同群动物，销毁染疫和疑似染疫的动物产品，对其他易感染的动物实行圈养或者在指定地点放养。

3. 对易感染的动物进行监测，并按照国务院兽医主管部门的规定实施紧急免疫接种，必要时对易感染的动物进行扑杀。

4. 关闭动物及动物产品交易市场，禁止动物进出疫区和动物产品运出疫区。

5. 对动物圈舍、动物排泄物、垫料、污水和其他可能受污染的物品、场地进行消毒或者无害化处理。

三、受威胁区应采取的措施

1. 对易感染的动物进行监测。

2. 对易感染的动物根据需要实施紧急免疫接种。

第四节 公众预防和应对

公众在预防和应对动物疫情时应采取以下措施：

1. 坚持依法防控、科学防控、群防群控。

2. 抓好基础免疫工作，根据需要组织开展紧急免疫和预防用药。对病死动物及产品严格实施“四不准一处理”措施，“四不准”是指不准宰杀、不准食用、不准出售、不准转运病死畜禽及其产品，“一处理”是指对死亡畜禽必须进行无害化处理。及时向有关部门进行报告，防止流通环节传播疫情。

3. 强化消毒工作。对定点屠宰场、牲畜交易市场、规模养殖场都安排专人定期开展消毒工作，减少动物疫病传播机会。

4. 对洪灾、地震等自然灾害后动物疫病防控，应在专家指导下开展无害化处理、环境消毒、紧急免疫等灾后防疫工作。

5. 发生家禽或候鸟不明原因死亡时，应及时向当地农业部门报告。及时向医生如实报告家禽发病及接触、食用病死家禽情况。饲养家禽时，做好个人防护及环境消毒工作。注意个人卫生，勤洗手，勤消毒，勤换衣。

6. 密切关注疫情发生地的疫情发展信息，及时做好各种准备，提高预警和处置能力。

7. 要采取多种形式、多种途径、有针对性地开展动物疫病的危害和依法防疫知识的宣传，提高全社会防范突发重大动物疫情的意识，提高群众防控意识和自我防护能力。

8. 对新发现的动物疫病，及时按照国家规定，开展有关技术标准和规范的培训工作。

第五节　动物疫情案例

2010 年以来，韩国先后暴发了三轮口蹄疫疫情，疫情一轮比一轮严重。2010 年 1 月 7 日，京畿道抱川市一家奶牛农场发生 A

型口蹄疫疫情，这是韩国自2002年以来首次出现口蹄疫疫情。2010年3月11日此轮疫情解除，共有7家农场发生疫情，约3 500只家畜被扑杀。2010年4月9日，韩国仁川市再次发生口蹄疫疫情，疫情持续至当年6月，共有8家农场发生疫情，361家农场的约5万头偶蹄动物被扑杀。2010年11月29日，庆尚北道安东市的两家养猪场再次发生口蹄疫，虽然韩国政府采取提高防疫警戒级别、严格扑杀和启动紧急免疫等措施，但疫情一直未得到有效控制。截至2011年2月6日，疫情已扩散至全国8个市道、63个市郡的148个农场，宰杀牲畜多达107.501 5万头，其中包括9.752 4万头牛、97.446 9万头猪、2 214头山羊、808头鹿。为有效控制不断扩散的口蹄疫疫情，防疫部门在全国设置了2 078个哨所。另外，家畜市场也被关闭，交易被叫停。随着口蹄疫疫情持续扩散，政府将超过100万头偶蹄动物列入宰杀对象，此次口蹄疫疫情共造成大约9 700亿韩元(约合人民币57.2亿元)的损失，一直到4月韩国政府才宣布此次疫情结束。

据韩国政府调查，把口蹄疫病毒带回韩国的，是前往东南亚地区旅行的韩国养殖户。过去韩国也发生过赴海外旅行的养牛场或养猪场的人员引发口蹄疫疫情的前例，这次同样因为部分农场主的不注意引发了疫情，而且情况最严重。为何此次韩国口蹄疫疫情如此猖獗？韩国媒体称这和全国流动的粪便回收车及饲料供给车有关。韩国媒体援引国立兽医科学检疫院临时做出的调查结果称，安东首次发生口蹄疫时，某粪便处理设备开发商将安东养猪园区的两吨粪便带去京畿道坡州地区进行了粪便干燥试验，该公司附近的农户中发现了口蹄疫疫情。之后，口蹄疫疫情相继蔓延至坡州、涟川、抱川、江华等养猪农场密集区域。联合国粮农组织指出，韩国此轮口蹄疫疫情是50年来罕见的，并可能蔓延到其他亚洲国家。

随着口蹄疫持续扩散，宰杀掩埋家畜数量的增加，人们开始担心暴发“第二次环境灾难”。目前韩国政府尚未找到有效对策，从根本上解决地下水和土壤污染问题。同时许多韩国农民因目睹宰杀家畜还引发心理疾病，出现创伤后应激障碍、不安、焦虑、忧郁症等精神健康问题。可见重大的动物疫情不仅给畜牧业带来毁灭性的打击，同时对生态环境、社会经济、大众日常生活、公众的心理等都会带来严重的影响。

社会安全事件篇

第二十二章　社会安全事件概论

改革开放以来，我国经济社会发展势头良好，但在高速发展的过程中，社会结构及原有的社会控制体系也经历着裂变和重构，社会公共安全领域面临着新的挑战。社会经济发展与社会转型的同步进行，意味着显在的与潜在的社会风险不断增加，社会问题凸显，由社会风险转化、引发的各种影响社会安全的突发事件也会频繁发生，其波及的范围广、涉及的人数多、社会影响大。这些社会安全事件不仅会在客观上造成巨大的人员伤亡、财产损失，对公共安全、公共秩序与公共利益产生严重的负面影响，而且会对社会公众在心理上造成恐惧与不安全感，影响社会的和谐与稳定。

第一节　社会安全事件的概念和特点

一、社会安全事件的概念

“社会安全事件”是个中性词，从字面上看，是指发生在社会安全领域中的重大事件。法律中所指称的“社会安全事件”就是“社会公共安全事件”，即“社会安全事件”是“社会公共安全事件”的简称。

在我国现有的法律文件中使用“社会安全事件”一词并不多见，并且没有明确界定这一概念。2005 年国务院发布的《国家突发公共事件总体应急预案》总则中规定：“社会安全事件主要包括恐怖袭击事件，经济安全事件和涉外突发事件等。”很明显，在这里采用列举的手法对“社会安全事件”的外延进行了概括。2007 年全国人大常委会通过的《突发事件应对法》第 3 条规定：“本法所称突发事件，是指突然发生，造成或者可能造成严重社会危害，需要采取应急处置措施予以应对的自然灾害、事故灾难、公共卫生事件和社会安全事件。”这里将“社会安全事件”与“自然灾害、事故灾难、公共卫生事件”并列。但上述两法均未给出明确的法律或者政策定义。另一方面，目前学术界对于“社会安全事件”一词作出界定的也不多见。自《突发事件应对法》颁布以来，才逐渐有少数学者对其进行解释，但也不统一。李飞指出：“社会安全事件，主要包括严重危害社会治安秩序的突发事件”，这主要是从危害程度与事件的影响内容角度界定的；汪永清指出：“社会安全事件的本质特征主要是由一定的社会问题诱发，主要包括恐怖袭击事件、民族宗教事件、经济安全事件、涉外突发事件和群体性事件等”，这是从事件的性质及类别进行界定的；周定平指出：“社会安全事件是一个广义的概念，是指‘重大群体性事件’、‘严重暴力刑事案件’、‘恐怖袭击’等一切发生的严重威胁社会治安秩序和公民生命财产安全，需要采取应急特别措施进行处置的突发事件”，这是从事件的危害程度、事件的影响内容、事件处置的紧急性等角度界定的。周定平将社会安全事件界定为：“社会安全事件，是指在社会安全领域发生的，因人为因素造成或者可能造成严重的社会危害，需要采取应急处置措施的事件”。王敬波综合以上专家学者的观点，将社会安全事件界定为：“由人为因素引发，对社会秩序和社会公共安全造成或者可能造成严重危害，亟需采取非常态措施进行应急处置的事件。”

二、社会安全事件的特点

社会安全事件是突发事件的重要组成部分，有与其他类型突发事件相同之处，但也具有非常不同的特点与构成因素。自然灾害、事故灾难、公共卫生事件在性质上属于一致性公共危机，在应对过程中，政府、社会公众之间的目标与价值取向容易达成一致，而社会安全事件中相当一部分属于对抗性危机，它是一种由明显抵触的社会力量之间的冲突而导致的紧张状态，其本质是不一致、矛盾的，冲突双方有不同的利益或目标追求，至少有两个以上的冲突力量存在，冲突者之间有公开的、直接的对抗。所以，在一定意义上说，社会安全事件是社会矛盾、社会冲突的直接反映，这在客观上增加了应对社会安全事件的工作难度。如果处置不当，很可能产生连锁反应，导致影响范围扩大，后果损失加重，或者由局部性问题演变为全局性问题。因此，在我国现阶段，能否有效地应对社会安全事件，既是对政府执政能力的考验，也是衡量政府驾驭社会治安能力的标志。

第二节　社会安全事件的处置措施

根据《突发事件应对法》和《国家突发公共事件总体应急预案》的规定，在我国有权采取社会安全事件应对措施的是县级以上各级人民政府及相关部门、当地驻军、武警部队等组成的突发事件应急指挥机构。

社会安全事件的处置措施不同于常态事件的处置措施，相比较而言，前者无论在采取措施的紧急程度、强制程度上，还是在采取措施应遵循的法定依据和程序上都与后者有较大的不同。总体上可以分为应对社会安全事件的警务措施、应对社会安全事件的经济措施、应对社会安全事件的其他行政管理措施。

一、应对社会安全事件的警务措施

根据《突发事件应对法》、《人民警察法》、《集会游行示威法》、《枪支管理法》、《道路交通安全法》、《国家安全法》、《人民警察使用警械和武器条例》、《出境入境边防检查条例》、《国家突发公共事件总体应急预案》等法律、法规和政策的规定，应对社会安全事件的警务措施可以分为应急控制类措施、应急救助类措施、应急保护类措施、应急征用类措施等。

（一）应急控制类措施

社会安全事件发生后，为了使事态不再扩大，并尽快回复到正常状态，针对特定的相对人实施强制隔离、强行驱散、强行带离现场、羁押、使用警械与武器等；针对特定的财产实施网上封堵、强制拆除、扣押、扣留、冻结财产等；针对特定的场所实施现场管制、交通管制、封锁等；以及新闻、通信、邮政、出入境管制等其他应急法律措施。常见的应急控制类措施主要有十种：强行驱散、当场拘留、使用警械或武器、财产冻结、现场管制、交通管制、出入境管制、封锁、搜查和检查以及技术侦察措施。

（二）应急救助类措施

社会安全事件发生后，负责应对和处置的政府及其职能部门应当立即组织营救和救治受到伤害的人员，疏散、撤离并妥善安置受到威胁的人员，同时保证营救人员的生命安全。应急救助类措施主要包括紧急救援、紧急转移、疏散与安置以及紧急搜救等。

（三）应急保护类措施

社会安全事件的参与者为了达到其目的，往往不择手段，甚至不惜代价对社会、他人实施疯狂的报复，滥杀无辜。政府机关、广播电台、电视台等要害部门，以及关系到国计民生的供电、供水、供热等重点单位，政府要员、普通公务人员甚至平民百姓，都可能成为其报复、袭击的目标。为此，应急管理主体尤其是公安机关应当将上述单位和个人作为重点保护对象，实施应急保护措施，确保警卫目标的安全。应急保护措施主要包括要人警卫、人员防护、重点单位或部位的警卫、重要建筑物与设施设备的保护等。

（四）应急征用类措施

国内外经验表明，应对突发社会安全事件的挑战，必须有相应的物资储备，还要广泛动员社会各种力量参与。为了应对社会安全事件，应对主体在必要时应根据应急预案启用财政预备费和应急救援物资、生活必需品，动员社会力量参与社会安全事件的应对。为应对突如其来的社会安全事件，依据《宪法》、《人民警察法》、《突发事件应对法》等法律、法规的规定，必要时公安机关可以向公民、法人或者其他组织征用应急救援所需设备、设施、场地、交通工具和其他物资。

二、应对社会安全事件的经济措施

应对社会安全事件的经济措施，包括两个方面，即针对社会安全事件的一般经济措施和应对经济安全事件的专门措施。

（一）应对社会安全事件的一般经济措施

社会安全事件的一般经济措施，是指针对经济安全事件以外的社会安全事件采取的一般经济措施。恐怖事件、经济安全事件、重大刑事犯罪活动、群体性事件、民族宗教事件、涉外事件等社会安全事件发生以后，为防止社会上的商品价格和居民生活必需品的异常变化影响社会安全事件的应急处置，政府及其职能部门如物价、工商行政管理等部门采取价格干预、价格调控、居民生活必需品限购等应急管理措施，以确保商品价格的稳定，维护社会正常的生活秩序。

(二) 应对经济安全事件的经济措施

主要包括税收调控、保障金融业务正常运行、限制特定金融业务、外汇管制等。

1. 税收调控。及时调整税目税率，实行税收开征、停征以及减税、免税、政府补贴、政府贴息贷款等调控措施。

2. 保障金融业务正常运行。对银行、保险、证券等金融机构和证券、期货登记结算机构提供流动性资金支持，启动支付系统的灾难备份系统，保障支付、清算系统的正常运行等保障措施。

3. 限制金融业务。暂停部分或者全部银行业务、保险业务、证券交易和兑付、期货交易，暂停开放式证券投资基金赎回，限制给付保险金，限额提取现金等限制措施。

4. 外汇管制。采取限制货币汇兑、资金跨境收付和转移等维护国际收支平衡的外汇管制措施。

三、应对社会安全事件的其他行政管理措施

总体来讲，应对社会安全事件的行政管理措施是政府及其职能部门应对社会安全事件过程中所采取的一切行政管理措施，包括社会安全事件的应对机制、应急预案、舆情引导、社会动员、应对协作机制、国际合作机制等。

第三节　社会安全事件的处置程序

社会安全事件的处置程序可以按照应对的不同阶段，分为接

警、事件及其级别确定、报告与预处、应急启动、现场处置行动、扩大应急、应急结束和应急善后等几个环节。

一、接警

社会安全事件发生后，报警信息应迅速汇集到应急指挥中心并立即传送到各专业或者区域应急指挥中心。负责接警的工作人员应记录好报警信息的详细情况和联系方式等。

二、事件及其级别确定

应急指挥中心接警后，应立即建立与事件现场所属单位或者内部单位应急机构的联系，根据事件报告的详细信息，迅速对警情做好判断，由应急指挥中心值班负责人或者现场指挥人员初步确定相应的警情级别。

三、报告与预处

一旦发生重大级别以上的社会安全事件，必须在接报后 1 小时内向省级应急管理中心报告，省级应急管理中心在 4 小时内向国务院报告。报告的主要内容包括：时间、地点、信息来源、事件性质、影响范围、事件发展趋势和已经采取的措施等。应急指挥中心接到发生重大级别以上的社会安全事件报告后，应立即展开确定最初的态势控制行动和救援行动。

在紧急情况下，事发地应急指挥机构应边报告、边采取相应的预处行动，以控制事态。

四、应急启动

应急指挥中心根据事件发生的原因、时间、地点、形式、规模、参与主体及其诉求等进行风险分析的评估后，在向上级应急指挥机构报告的同时,应根据事件的性质、起因、规模、危害程度和事态发展,启动相应的处置预案,采取紧急处置和救援行动。

五、现场应急处置

应急指挥机构应迅速成立现场应急指挥部并迅速展开行动,应急处置专业力量、救援队伍及时进入事件现场,展开人员隔离、人员疏散与救助、消防与抢险、平息事态等相关应急处置工作。在必要时应开启与专家顾问组的联络通信,接受专家顾问组的决策建议和技术支持。

现场应急处置应注意以下四个方面的问题:一是要根据不同的事件现场情况迅速展开相应的现场处置和救援工作;二是要全力维护事发地的社会稳定;三是缜密侦查、适时抓捕、及时获取和保全证据、依法打击违法犯罪分子;四是在事态无法得到有效控制时,应及时向上级应急指挥机构请求实施提高应急响应级别。

六、应急结束

社会安全事件应急处置完成后,应急指挥部组织有关部门(单位)和专家进行分析评估,在确认事件得到有效控制、危害已基本消除、善后工作已有序展开后,可以判定应急结束。应急指挥部向当地政府社会安全事件应急委员会提出应急结束建议,由后者在确认后,发布突发事件结束公告。

七、应急善后

事态平息后,进入事件善后阶段,开展进一步的调查,处理违法犯罪者,消除危害后果。从了解事件情况开始,从人到事、从事到人,重点调查事件各个阶段和事件主体的层次构成,区分出“幕后操纵者”、“首要分子”、“参与者”、“围观者”等参加事件的各个层次。对于群体性事件等非政治对抗性质的事件，政府或者有关部门、单位已经承诺解决的问题，应尽快解决到位；对法律、法规或者政策有明确规定而没有落实到位的，应尽快予以落实等，避免违背承诺、失信于民，重新引发事件的发生。

对事件中造成的人身伤亡应做好善后工作，依法分清责任，区别对待；对造成人身和财产损失需要赔偿的，要依法做好赔偿工作；对处置中获取的有关物证，要进行登记造册归档，妥为保存；对于受到心理创伤的公众，应提供心理治疗或者干预服务。

第四节　社会安全事件的预防

《突发事件应对法》第 5 条规定："突发事件应对工作实行预防为主、预防与应急相结合的原则。国家建立重大突发事件风险评估体系，对可能发生的突发事件进行综合性评估，减少重大突发事件的发生，最大限度地减轻重大突发事件的影响。"

一、预防为主、预防与应急相结合原则的含义

预防为主、预防与应急相结合的原则是社会安全事件应对工作的核心原则之一。其基本含义包括三个层面：

1. 社会安全事件的应对工作，必须把预防和减少社会安全事件的发生放在首位，做到防患于未然。据此，要开展各种社会矛盾和纠纷的排查、调解工作，促进社会稳定与和谐，强化社会安全事件信息收集与报告工作，积极开展安全防范知识和应急知识的普及，加强应急管理培训。

2. 做好各项应急准备，牢固树立忧患意识。有备未必无患，但无备必有大患。据此，要完善预案体系，推进应急平台建设，提

高应急管理能力，加强应急救援队伍建设和应急演练，加强各类应急资源管理。

3. 全力做好应急处置和善后工作。社会安全事件发生后，要立即采取措施，控制事态发展，减少人员伤亡和财产损失，防止发生次生、衍生社会安全事件，做好受影响群众的基本生活保障和心理安抚工作。应急处置结束后，要及时组织受影响地区恢复正常的生产、生活秩序。

二、预防为主、预防与应急相结合原则对社会安全事件应对工作的要求

1. 以预防为主作为社会安全事件应对的总体指导思想。以预防为主作为社会安全事件应对的总体指导思想，就是说从思想上、实际应对工作中都要坚持防患于未然，将预防工作置于应急管理工作的最重要地位，时刻不忘防范。

2. 努力把握和遵循社会安全事件发生、发展及其应对的规律。社会安全事件的发生总体上来说是一种可能性，认识上有预见、工作上有防范，可能性就难以甚至不会转化为必然，即使社会安全事件的发生不可避免，也可以减少损失，争取主动。因此，应对主体应做到：一是要致力于社会安全事件发生、发展规律的分析与了解，认清其诱发的因素，把握社会安全事件的特征，掌握其发展规律；二是根据社会安全事件的特征有针对性地采用隔离关联因子、实施零缺陷管理、防微杜渐等策略消除潜在的社会安全事件的威胁；三是对一些不能完全排除的事件诱发因素，采取构建社会安全防控网络、强化社会保障等控制策略缓解、遏制事件的发生，并从人力、物力、财力等方面做好各类防备；四是对于那些既无法回避，又不能转移的事件风险，应采取措施减轻或抑制其对社会的危害，尤其是要防止次生、衍生事件的发生。

3. 从制度上建立预防为主的机制。在我国社会安全事件应对实践中，存在轻视预防、出事后又不计成本加以处置的现象，有的甚至把社会安全事件应对工作与社会安全事件处置等同起来。从制度上强调预防的重要性，有利于统一思想，解决日常安全防范工作中敷衍了事、无所作为的问题。在日常预防工作中，从教育、法律和社会、科技等方面建立、健全相应的预防制度，建立矛盾排查、纠纷调处、协商对话等机制，消除社会不和谐、不稳定的因素。

4. 正确处理好预防与处置的关系，实现两者的有机结合。日常预防和应急处置有机结合，实际上是常态和非常态上工作理念、工作规划、工作机制的结合，日常工作中要考虑社会安全事件的发生，社会安全事件应急处置也要善于发现、总结日常工作中的成功与不足。

三、我国现阶段如何有效预防和减少社会安全事件

在我国现阶段，预防和减少突发社会安全事件的发生，重要的是要始终坚持发展是硬道理的战略思想，加大政策调整力度，建立健全社会保障体系，实施全方位鼓励就业政策，切实减轻负担等措施，从根本上消除和减少各种矛盾冲突因素。同时，要通过制度创新和法制建设，建立科学化、民主化的决策机制，建立正常的减压机制、调节机制，畅通社会各阶层的利益诉求渠道，及时疏导、缓解、防范和处理突发社会安全事件。

1. 加大政策调整力度。体制转轨、社会变革所形成的社会结构性问题是社会冲突加剧、引发突发社会安全事件的根本性原因。因此，必须强化政府的宏观调控能力，加大政策调整力度，通过制定相应的政策和法律法规来解决因结构性调整而造成的各种社会问题和矛盾，维系基本的社会公平和公正，从根本上减少和避免突发社会安全事件的发生。当前，要加大以下几个方面的政策调整

力度：促进制度化的社会保障体系建立，实施全方位鼓励就业的政策，切实减轻农民负担，保障农民权益，加强法律制度建设。

2. 建立社会预警机制。社会预警机制，是对社会运行状况发出信号，显示社会已经或即将发生无序现象的临界状态，以期引起社会管理者和社会公众的注意，及时采取对策，使社会运行状况不再继续恶化的一套制度和方法。首先，要设立一系列与社会预警密切相关的社会指标作为核心指标。其次，在中央及地方成立研究社会指标和社会心态的专门机构，及时收集信息，为突发社会安全事件得到及时解决提供有效帮助。再次，为了提升预警效能，政府还要不断创新与预警相关的法律、规章、政策指南和各种必要沟通渠道的制度等。最后，动员企业、民众与政府大力合作，共同参与。

3. 畅通公众参与渠道。主要渠道有：建立健全社会基层议事制度，增加化解社会矛盾冲突的制度安排；充分发挥人大和政协的功能；培育和完善社会中介组织，充分发挥群众团体和其他社会组织的桥梁纽带作用；充分发挥大众传播的舆论导向功能，用正确的舆论引导社会发展方向；发展各类社会信息的报告和反馈，如大众媒体的读者、听众、观众来信、各部门设立的公开电话、投诉电话等，使群众表达渠道多样化；不断创新制度，推出新的沟通形式，诸如领导直接接待群众制度、与群众面对面对话制度、民主评议干部制度、听证制度、公示制度等。

4. 完善科学民主决策机制。事实证明，决策质量高，突发社会安全事件的发生率低；相反，决策质量低，突发社会安全事件的发生率就高。为提高政府决策的民主化程度，在出台涉及人民群众切身利益的重大政策时，一定要同时制定出相应的配套保障措施，政策出台前需深入细致地进行调查研究，广泛征求和听取意见，反复论证，避免因决策不周引发矛盾冲突。同时，努力使决策更加符合广大人民群众的利益和愿望，避免决策出现重大错误。为此，必须做好以下工作：建立决策的预警系统；建立参与机制，让社会各方面参与决策；建立决策的工作责任制；建立集体决策制度；完善基层决策机制；建立决策的反馈机制，等等。

5. 提高各级领导干部处理社会矛盾的能力。从发生的突发社会安全事件看，明显暴露出我们一些领导干部在危机意识和处置危机的能力方面存在不足，如缺乏对突发社会安全事件性质辨别的敏锐性；对突发社会安全事件预见和应变能力不足；果断决策的能力和魄力不够；组织、协调能力较弱等。为此，应从以下几个方面加以提高：完善地方领导责任制，增强领导干部的危机意识和心理适应力，提高领导干部科学决策和果断判断能力，提高领导干部及时控制和有效处置能力，建设快速反应的专业队伍。

第二十三章　社会安全事件公众应对措施

第一节　公共场所突发险情

一、游乐设施事故

游乐设施是指在特定区域内运行、承载游客游乐的载体，一般为机械、电气、液压等系统的组合体。游乐设施发生故障时会造成游客恐慌、受困以及其他危险事故。常见故障有：突然停机、机械断裂、高空坠落。为预防危险事故的发生，应注意以下几点：

1. 认真阅读《游客须知》，听从工作人员讲解，掌握游玩要点。患有高血压、心脏病等人员不要游玩与自己身体不适应的项目。未成年人要在监护人监护下游玩。

2. 在游玩过程中出现身体不适、感到难以承受时应及时大声提醒工作人员停机。

3. 出现非正常情况停机时，千万不要乱动和自己解除安全装置，应保持镇静，听从工作人员指挥，等待救援。

4. 出现意外伤亡等紧急情况时，切忌恐慌、起哄、拥挤，应及时组织人员疏散、撤离。

二、人防工程险情

人防工程是封闭的，一旦发生火灾、高温、烟雾或毒气会迅速充满地下空间；另外，还会因排水不畅造成雨水倒灌；有的人防工程较易发生下沉、坍塌事故。在应对人防工程险情时，应注意以下几点：

1. 平时注意检查人防工程中的烟火报警器，保证其功能有效，还要有防火隔断区可供避火。汛前应清理人防工程周边地区排水沟内杂物，保证排水通道畅通。

2. 一旦发现人防工程下沉、坍塌，应立即远离出险位置。建在地下人防工程上的平房区居民房屋出现下沉或结构变形时，要立即组织该地区人员撤离。

3. 在人防工程内遇到火灾时，应用衣物、手帕等捂住口鼻，低姿、快速有序地沿着地面或侧墙有安全疏散指示标志的方向疏散。若被火灾困在人防工程内，应通过不断敲击水管或打电话等方法进行呼救；在有采光窗井的地方，也可进入窗井并通过井、窗向外界呼救。

4. 发生险情后应听从工作人员指挥调动。

5. 人防工程如发生倒灌，应及时关闭下水管阀门。

第二节　非法侵害事件

一、街头抢夺和抢劫

抢夺是以非法占有为目的，乘人不备，公开夺取数额较大的公私财物的行为。抢劫是指用暴力夺取他人财物的行为。“两抢”案件具有发案多、频率高、侵害面广的特点，社会危害较大。在应对“两抢”案件时，当事人要注意以下几点：

1. 尽量不要单独前往偏僻场所，女性外出尽可能结伴同行。上街时，请将手提包、移动电话、金项链等较贵重物品牢固掌握在自己手（身）上，使作案者难以轻易抢走。女性携带挎包尽量不要将包放在靠机动车道一侧。

2. 驾车外出时，应随手将车门锁按下，尽量关闭车窗，勿将皮包和现金任意置于座位上，以防犯罪分子撬开车门抢包。打电话或在一个地方等人应尽量保证背后的安全，要注意自己前后的车辆及行人的动态变化。

3. 在人员聚集地区遭到抢劫，被害人应大声呼救，震慑犯罪分子，同时尽快报警。在僻静地方或无力抵抗的情况下，应放弃财物，保全人身；待处于安全状态时，尽快报警。

4. 到银行存取大额款项时应尽量有人陪同，最好以汇款方式代替提取大量现金；输入密码时，应防止他人窥探；不要随手扔掉填写有误的存、取款单；离开银行时，应警惕是否有可疑人员尾随。老人及少年儿童不要随身携带贵重物品和大额现金。

5. 尽量记住歹徒人数、体貌特征、口音、所持凶器、逃跑车辆车牌号及逃跑方向等情况，同时尽量留住现场见证人。

二、入室盗窃与抢劫

入室盗窃、抢劫同街头盗窃、抢劫相比具有隐蔽性，更容易造成受害人较大的财物损失，甚至对生命安全构成威胁。应对此类案件时，要注意以下几点：

1. 邻里之间要互相照应，当遇到陌生人在住所附近徘徊时，一定要多加小心，必要时进行监视、盘查或拨打 110 报警。要认真辨别上门推销员、维修工、家政服务员等的身份，不要让陌生人进屋;老人或儿童独自在家时,应锁好房门,不接待任何客人。

2. 有条件的尽可能安装正规厂家生产的防盗门和防盗窗。钥匙要随身携带,不要乱扔乱放,不要把家里的钥匙挂在孩子的脖子上,以免给犯罪分子创造取得钥匙的机会;丢失钥匙要及时更换门锁。

3. 及时清理插在门缝、门把手上的各类广告、传单。

4. 增强自我防范意识,保护好所有私人信息,不要在公众场所夸大、炫耀财富。

5. 夜间遭遇入室盗窃,应沉着应对,切忌立即起身查看甚至开灯。可以咳嗽几声,故意大声说"谁呀"之类的话,或用手机悄悄拨打110报警,千万不可一时冲动,造成不必要的人身伤害。家中无人时遭遇盗窃,发现后应立即报警,不要翻动现场。遭遇入室抢劫,受害人应放弃财物,以确保人身安全。

三、绑架

绑架是指以勒索财物为目的,使用暴力、胁迫或麻醉等方法,劫持要挟人质或他人的犯罪行为。应对绑架案件时,要注意以下几点:

1. 加强安全知识教育;发生绑架案件时,当事人报案时,应采取隐蔽的方式;人质本人和亲朋在与犯罪嫌疑人接触或通话时,要机智周旋,不要激怒对方。

2. 被绑架的人质应尽量保持冷静,尽可能了解自己所处的位置。如被蒙住双眼,可通过数数的方式,估算汽车行驶的时间和路途的远近,记住转弯的次数、大致的方向等。

3. 在确保自身不会受到更大伤害的情况下,尽可能与犯罪嫌疑人巧妙周旋,如利用犯罪嫌疑人准许人质与亲属通话的时机,巧妙地将自己所处的位置、现状、犯罪嫌疑人等情况告诉亲属;采取自救措施时，要选择好时机，在确保自身安全的情况下逃脱。逃脱后，要立即向警方报案，提供犯罪嫌疑人的有关情况。

4. 案发后，人质亲朋应立即向警方报案，并提供人质的年龄、体貌特征、生活习惯、活动规律、随身携带物品、手机号码、车辆及近期的照片；案发前后是否有可疑人、可疑电话或可疑车辆等情况；案发后，犯罪嫌疑人以什么方式与亲属联系，使用的电话号码，犯罪嫌疑人要求家属做些什么事等。

5. 人质亲朋应按照警方的提示与犯罪嫌疑人保持联系，根据警方制定的解救方案，协助警方开展解救行动，不要自作主张。

第三节　其他公共安全事件

一、信息骚扰事件

信息骚扰是指在上网收发电子邮件或者使用手机的过程中收到包含淫秽、侮辱、恐吓或其他干扰本人正常生活内容的信息，其应对要点如下：

1. 收到骚扰信息的手机短信、彩信、电子邮件等，应保留信息证据，并及时报警，在公安机关提取证据前不要将信息删除。

2. 对于以手机短信、彩信形式收到的骚扰信息，千万不要轻易点击信息中的上网链接，以免造成不必要的上网费用。

3. 对于包含恐吓、威胁索要钱财等内容的信息，应及时报警，千万不要私自将钱财以任何形式交给犯罪分子，以免造成不必要的经济损失。

4. 对于包含以各种借口要求提供银行账号、密码、股票账户、身份证号码等私人涉密内容的信息，千万不要轻易提供相关内容，应及时通过银行等部门的官方联系方式进行确认，对于诈骗信息应及时报警。

二、常规武器空袭

常规武器空袭，是指除核、化、生以外的武器从空中对地面（水面）目标进行的袭击。其应急要点如下：

（一）防空警报信号的识别

1. 预先警报：鸣36秒，停24秒，反复3遍，时间为3分钟；

2. 空袭警报：鸣6秒，停6秒，反复15遍，时间为3分钟；

3. 解除警报：连续长鸣3分钟。

（二）空袭前的防护准备

1. 熟悉周围的防空隐蔽设施，明确疏散和隐蔽路线。

2. 准备好随身生活用品和药品，如手电筒、饮用水、急救包等。

3. 房屋的玻璃窗均应贴上“米”或“井”字形纸条或布条，以防玻璃震碎伤人。

（三）空袭时的防护行动

1. 听到预先警报后，应立即拉断电源，关闭煤气，熄灭炉火，带好个人防护器具和生活必需品，迅速、有序地进入人防工程或指定隐蔽区域。

2. 听到空袭警报后，应就近进入人防工程隐蔽，情况紧急无法进入人防工程时，要利用地形地物就近隐蔽。

3. 在公共场所时，不要乱跑，可就近进入地下室、地铁车站或钢筋混凝土建筑物底层等处隐蔽，不要在高压线、油库等危险处停留。

4. 在空旷地时，就近疏散到低洼地、路沟里、土堆旁、大树下，迅速卧倒隐蔽。当发现炸弹在附近投下或爆炸时，应迅速就地卧倒，面部向下，掩住耳，张开嘴，闭上眼，胸和腹部不要紧贴地面，以防震伤。

5. 听到警报解除后，应尽快开展自救互救并恢复生产和生活秩序。

三、恐怖袭击事件

恐怖袭击是指针对公众或特定目标，通过使用极端暴力手段（如暴力劫持、自杀性爆炸、汽车爆炸、施放毒气或投放危险性、放射性物质），造成人员伤亡或重大财产损失，危害公共安全，制造社会恐慌的行为。其应对要点如下：

1. 发生恐怖袭击事件时，要迅速撤离到安全区域，同时拨打报警求助电话，等待救援人员救助。

2. 地铁、轻轨等人员聚集场所发生恐怖袭击事件时，应迅速从危险区域脱身，服从救援人员引导或按照疏散标示有序疏散。暂时无法快速疏散的，应寻找相对安全地点暂避并利用一切方法迅速报警求助。

3. 遇倒塌、烟火或刺激性气味气体时，应根据情况，采取衣物蒙住鼻子、遮盖裸露皮肤、匍匐前进等自救手段迅速撤离。

4. 在撤离危险区域时，应尽量向明亮、空旷和上风方向区域疏散。在建筑物中疏散时，要选择楼梯通道，不要乘坐电梯，疏散中切忌拥堵，保持有序撤离。

第二十四章　社会安全事件案例

第一节　美国炭疽生物恐怖事件

一、事件经过

2001年9月27日，美国《太阳报》63岁的摄影编辑史蒂芬感觉不适，10月1日，出现发热、呕吐，后神志不清，10月2日凌晨，在肯尼迪医疗中心急诊，病情迅速恶化，出现昏迷，需要使用人工呼吸机。根据临床表现、病情进展和临床检测提示病人可能为炭疽病人。10月7日，与史蒂芬在同一办公室工作的73岁的布兰科也被证实感染了炭疽杆菌。10月12日，美国全国广播公司纽约总部38岁的雇员戴利被确认为皮肤炭疽。经调查，她在办公室收过一封邮戳为9月18日的可疑信件，信里包有白粉，后证实内含炭疽杆菌。第二天，另一名接触过这封信的员工也开始出现炭疽类似症状。10月13日，华盛顿中央邮政局5名员工被发现感染了炭疽杆菌，内华达州雷诺的微软公司办公室也收到一封从马来西亚退回的信件，内含炭疽杆菌粉末。10月15日，美国参议院多数党领袖达施勒办公室的一名工作人员在拆开邮件时，发现有可疑的白色粉状物，随后信件被证实含有炭疽杆菌。17 日，纽约州州长帕塔基的安全保卫人员办公室也发现了炭疽杆菌。同日下午，联邦调查人员在国会通风系统和邮件系统中发现了炭疽杆菌芽孢。21 日，布伦特伍德邮局 1 名员工成为炭疽事件中死亡的第三人。30 日，纽约曼哈顿一家医院的 1 名 61 岁员工成为此次炭疽事件中死亡的第四人。11 月 1 日和 6 日，美国驻立陶宛大使馆和巴勒斯坦领馆收到的外交邮件查出带有炭疽杆菌，事件从美国国内扩大到境外。

炭疽生物恐怖事件在美国一直持续到 2011 年 11 月底。11 月 21 日，康涅狄格州 1 名 94 岁的妇女成为此次炭疽事件中死亡的第五人。截至 2011 年 11 月 21 日，美国共发现 22 例与生物恐怖相关的炭疽病例，其中 11 例确认为吸入型炭疽、11 例为皮肤型炭疽，死亡 5 例均为吸入型炭疽。病人分布在美国东海岸的 7 个州(市)，受感染的主要是分拣信件、处理无地址邮件的邮政人员，或收到、接触过含炭疽粉末信件或包裹的人员。

美国司法部对这起炭疽生物恐怖事件的调查，最终确定 2008 年自杀死亡的前美国陆军科学家布鲁斯·艾文斯为寄出炭疽粉末信件的作案人。

二、美国炭疽生物恐怖事件对我们的启示

美国在炭疽生物恐怖事件中的应对和事件后采取的提升生物恐怖事件应对能力的做法，对我国进一步加强应对生物恐怖事件的能力建设有以下几点启示：

1. 制定完善相关法律法规和预案是有序有力开展应急处置的基础。可用于生物恐怖的病原体种类多样，如炭疽、鼠疫、天花、出血热病毒、肉毒毒素等，需要有针对性地采取应对准备行动；同

时，应对生物恐怖袭击，又需要多部门配合协调。因此，我国急需制定关于应对生物恐怖事件的专门法律法规和预案体系，明确职责和任务，加强科学研究和基础建设，以适应生物恐怖应对准备的特殊性任务。一旦出现生物恐怖事件，能够迅速展开多部门协调联动，依法、有序、有力地予以控制。

2. 建立相关监测预警系统是科学决策和快速反应的前提。用于生物恐怖的生物制剂容易生产，只需基础的生物学知识、简易的生产场所和设备，但情报侦察和风险评估复杂。此外，生物恐怖事件监测不仅是卫生部门开展的病例监测，还包括多部门（如环境、国防等部门）参与的风险监测和评估等，以及与国际组织、其他国家和地区的信息共享和合作。因此，我国急需从战略上研究和建立生物恐怖监测、预警和信息交流体系和机制，以及时为决策层提供可靠信息。

3. 加强队伍建设和实战演练是有效开展应急处置的关键。用于发动生物恐怖的病原体可能是我国平时罕见，也可能是从没有过的病原体，管理和专业人员很少或没有识别、控制罕见病原体感染和传播的经验，也缺乏应对生物恐怖袭击的直接经验。因此，我国需要持续开展疾病控制和医疗机构的针对性培训和应急演练，以提高有效应对未来可能和生物恐怖袭击事件的能力。

4. 必要的物资储备和有效的资源动员机制是事件应对的重要保障。生物恐怖针对的目标人群规模以及病原体散播方式造成的疾病传播速度难以事先评估，药物、疫苗、设备储备和应对资源动员也很难决策。因此，我国急需研究制定针对生物恐怖的物资储备策略和措施，完善物资调集分发和医疗救治资源的快速动员机制，确保在需要时能够迅速筹集足够卫生资源。

第二节　东京地铁沙林毒气袭击事件

一、事件经过

1995年3月20日上午时30分至40分之间，5名日本奥姆真理教教徒分别从日比古、丸之内等三条地铁线上的不同站点乘上地铁，朝五个不同方向进发。自7时40分起，每一名教徒都将盛放沙林毒气的袋子捅破，然后迅速逃离。接近8时，五部列车于东京的中心汇集。结果，造成2人死亡，成千上万人中毒、受伤或遭遇到不同程度的惊吓。

这次袭击波及数千名乘客，袭击事件发生不久，地铁站被迫疏散全体乘客，许多人窒息、呕吐、失明。他们沿着楼梯逃奔，最后瘫倒在街上。虽然大批消防、警察和急救人员起来救助，但绝大部分未带防护装置。现场惨状很快被电视、广播报道，使得东京和整个世界第一次见识了以大规模杀伤性武器发动的恐怖袭击。

为降低伤害程度，日本各方做了全面的努力。东京地铁遇袭50分钟后，即上午8时44分，中央警察署确认发生危机，需要慎重应对，遂电话要求国民自卫队派遣两名化学武器专家援助，接着中央警察署与国民自卫队组建了军警联合调查小组，同时，协调警察、消防、救援、医疗等机构的组织亦迅速成立。消防、警察及紧急医务人员在接到通报后立即赶到现场，投入抢救重伤员的工作。

但是，由于政府方面未能及时对形势做出恰当判断，也没有适宜的应对方案；政府部门各级公务人员未受过相应培训，无法对大规模杀伤性武器袭击有所准备；政府各个机构之间的工作缺少协调配合，相互间无必要的信息沟通与合作；各救援机构之间也缺乏必要的联系与合作；运输部门的员工从未受过识别或应对生化武器的培训，而且整个地铁网络没有建立控制各个车站骚乱的中央系统，不适乘客或化学毒物没有及时被隔离或清除；多数受害者与救援人员直到事件发生几个小时后才知道致害物质的名字及其预防办法；救援人员在开始的几个小时内不清楚事件是由有毒气体所致，自身没有基本的防护，也未对病人采取排毒与消毒措施；媒体对受害者痛苦、徘徊与无助的状态过度渲染，使得受害者及相关群体更为沮丧，令秩序更为混乱不堪等诸多原因，导致救援效果大打折扣。

二、东京地铁沙林事件对我们的启示

纵观事件处置的经过，东京地铁沙林毒气袭击事件及其应急救援工作给予我们以下几点启示：

1. 直接与间接中毒可以令救援效果大打折扣。洗消不仅是生化武器恐怖袭击现场应开展的工作，在紧急输送、医院救援及其他工作环节中均应注意这一问题，以防止毒剂污染范围的扩大。而相应的机构及设备必须具备辨识毒剂、完成消毒程序和在污染环境中作业的能力。在东京地铁沙林毒气袭击事件的应急救援过程中，国民自卫队是掌握洗消技术的唯一机构，但受国家运作机制所限，这一功能远未正常发挥，仅限于现场应急救援结束后对列车车厢上的清洗。

2. 医务应急能力是应对大规模杀伤性袭击事件的必要条件。医务应急能力中的一项主要内容就是具备足够的医务人员，以应付不断上升的伤亡人员数量。以这次事件为例，由于存在互助协议，大批医生和护士赶赴现场，但重症病人已送至医院。这些医生、护士只好照料现场那些普通患者，而这类工作由消防局下属的紧急医护人员即可完成。与此同时，医院却饱受人手不足之苦。

所以，对重大恐怖袭击事件而言，局部的互助协定无非是将资源从某一需要的地方，调往另一同样需要甚至不太需要的地方，其非但不能达到救助目的，在某种程度上，反而影响应急救援效果的充分发挥。故政府在构思应变计划时，除考虑储备充足的医务应急资源外，还应将合理配置这些资源的问题列入其间。

3. 协调各个应急部门的工作关系是应急救援获得成功的重要前提。针对地铁沙林毒气袭击事件中机构间的掣肘给应急救援造成的阻碍，日本当局采取了多项措施，以弥合机构间的裂痕。但正如其采取的其他步骤，这些措施的重心在于中央政府及其各个部门而非地方或基层政府。须知，基层或地方当局无论在自然灾害或是恐怖袭击事件中，几乎无一例外地是最先做出反应者和最后的“扫尾”者。后者不但接近现场，也经常应对灾难，故应有较完善的装备和法律赋予的先行权。日本当局修订的应变或救援计划，尽管在促进中央政府各个部门合作的同时，也强调地方机构之间的协调，但其忽视了地方或基层政府所应扮演的主要角色。中国作为疆域广阔的国家，各地也经常面临各种自然的或人为的灾难侵袭，目前尚无学者专门研究中国的社会安全事件应急救援中地方政府所应扮演的角色，但在中央集权制的悠久传统与强大的现实面前，我们在理论上很难回避灾难应急救援中地方政府缩手缩脚的问题。因而，我们今后制定应急救援对策计划，尤其是制定应对大规模杀伤性恐怖的预案时，在保障中央政府及其部门指导作用的基础上，要注意充分发挥各级地方政府的主导作用，以充分利用地方资源，提高救援效果。

4. 法治保障是社会安全事件应急救援工作中至关重要却经常被忽视的环节。东京地铁沙林毒气袭击事件发生后，日本政府通过了多项法案，以便为解决奥姆真理教及以后类似的问题确立法律根据。我们尽管不否认其法律内容的合理价值，但这种举措却造成法律追溯既往之势，而与宪政或法治精神相悖。因此，充分的立法实为事故应对的重要组成部分，不但使侦查及其他司法或执法权范围合理化与明确化，更直接为司法部门调查和起诉那些拥有或意图使用危险的生化类、放射类物质或武器而尚未违法的人提供法律保障。

5. 及时而恰当的心理干预是应对一切灾变，提高和巩固应急救援效果的最后保障。对近年世界上发生的重大灾难或恐怖活动的调查显示，在面临沙林毒气袭击之类的突发事件时，多数民众尽管能理智地选择自己的行为，却往往陷入极度恐慌、心理受创的状态，甚至长期为“创伤后应激障碍”这样的心理顽症所困。因此，建立和加强适应各种突发性事件的心理干预机制极为必要。应当说，在东京地铁沙林毒气袭击事件的救援中，日本当局关于心理干预的努力并未取得成效，不仅因为缺乏专门款项、干预不够及时，也由于当局缺乏心理干预的意识和充实的专门人才。在将心理干预纳入灾难救援方面，我国更属起步和实验阶段，远不能适应应对突发事件形势与国民生活现代化的需要。故我们制定应对计划时，对心理干预的地位和作用要有充分的认识，考虑设立突发事件心理咨询热线和精神创伤治疗中心的问题，当务之急则是筹措专门款项，培训足够的心理治疗人才。

第三节　贵州瓮安“6. 28”事件

一、事件经过

2008 年 6 月 22 日凌晨 0 时 27 分，贵州省瓮安县公安局 110 指挥中心接到报警称，在县西门河大堰桥处有人跳河。瓮安县雍阳镇派出所接到110指挥中心指令后，迅速派值班警察赶赴现场，并通知119人员赶赴现场。警察赶到现场立即开展救捞，凌晨3时许将溺水女孩打捞上岸，急救人员证实其已死亡。经向在场报警人刘某、陈某、王某询问得知，溺水女孩名叫李树芬，1991年7月生，系瓮安县三中初二(六)班学生。6月22日7时40分许，雍阳镇责任区刑警队又派员进行了现场勘查、尸检和调查工作。瓮安县公安局根据调查结果，认为李树芬死亡一事系自己跳河身亡，属自杀，不构成刑事案件，并将调查处理意见及时告诉了死者家属。死者家属不能接受，认为有奸杀嫌疑，要求进行DNA鉴定。6月25日下午，黔南州公安局派出法医赶到瓮安对死者进行复检，结论仍为溺水死亡。死者家属当时表示认可，但不安葬死者，要求公安部门责令王娇、刘言超、陈光权等人赔偿50万元。6月26日，县工作组多次做工作，死者家属表示同意县工作组的协调意见，答应在6月28日签订协议了结此事。但6月28日16时，死者家属邀约300余人打着横幅在瓮安县城游行。由于当日正是周六，街上行人较多，部分群众尾随队伍前行，人越来越多。16时30分许，游行人员到县公安局办公楼前聚集。现场人员情绪激动，在少数人的煽动下，一些不法分子用矿泉水瓶、泥块、砖头袭击警察并发生冲突，打砸办公设备、烧毁车辆，并围攻前来处置的警察和消防人员，20时许，不法分子对瓮安县委和县政府大楼进行打、砸、抢、烧，一度冲击县看守所，整个过程持续近7小时。瓮安事件中，直接参与打砸抢烧的人员超过300人，现场围观群众在2万人以上。6月29日凌晨，数千群众继续到县政府、县公安局门前围观，甚至用石块等攻击部分执勤的公安干警、武警官兵。

事后公安机关查获瓮安“6.28”事件涉案人员217人，查清涉案人员355人，刑事拘留100人，其中黑恶势力成员39人。

瓮安事件的前期应对工作由于未能及时确定事件的性质，特别是未能认识到事件的严重性以及事件背后所反映出的社会问题，贻误了最佳处置时机。以至于由一起普通的刑事案件演变成严重的“打砸抢烧”事件。但在中后期的处置过程中，各级政府高度重视，依法及时果断处置，使事件很快得到平息。

事件发生后，中央及贵州党政负责同志立即作出批示，要求尽快依法妥善处置；并立即成立处置瓮安“6.28”事件工作组，贵州省及黔南布依苗族自治州党政负责同志、省公安厅长、省武警总队长及政委等领导亲临现场指挥；县委、县政府迅速成立了以县委书记为指挥长的事件应急指挥部，下设劝说疏导组、事件调查组、政策舆论法规宣传组、交通管控组、信息上报组、后勤保障组、医疗救护组、善后建设组等 8 个应急工作组开展相应工作。武警总部参谋长从北京赶到瓮安指导处置工作。

6 月 29 日晨 6 时，为发动全县广大干部群众参与突发性事件的处置，州委书记在瓮安召开了各乡镇、各部门主要负责人会议，传达了中央、公安部、省委、省政府领导的有关批示精神，并派遣大批干部深入基层了解情况，通报事件真相，做思想工作，引导群众自觉维护稳定，使秩序尽快恢复。在事件整个过程中，政府工作人员和公安干警反复向现场群众作解释说明疏导工作，最大限度地克制和忍耐。经过大量辛苦的基础工作，至 29 日下午，县城秩序基本恢复正常。

事件处置结束后，贵州省公安厅立即重新组织成立专家小组，在李树芬家属的监督下，对死者李树芬进行第三次尸检取样。7 月 10 日，第三次尸检的调查结果公布，鉴定结论为死者系溺水死亡。同时中共贵州省委决定对事件展开调查，并决定免去瓮安县常委罗来平，以及公安局长申贵荣的职务。7 月 4 日，贵州省委和黔南州委对瓮安县党政主要负责人作出调整决定，县委书记王勤、县长王海平被免职。至此，瓮安事件基本平息。

二、瓮安事件的警示

1. 社会转型期矛盾凸显，蕴藏着大量的不安定因素，极易发生社会安全事件。改革开放30年来，我国经济社会发展方面取得了的成就，但同时也存在一些问题。一是由于尚未健全科学有效的市场经济管理和调节控制机制，权力对社会财富的控制导致了各种寻租现象。社会大众的"相对剥夺感"甚至"绝对剥夺感"日益增强，为群体性事件的发生提供了社会情绪和社会心理基础。二是由于对社会基本公平和公正的政治重要性认识不足，一些地方政府在制定政策时没有坚守最基本的公平和公正原则，在有关国企、教育、医疗、社会保障、农地非农化等这些关系到社会大众直接利益的重大制度进行改革的过程中，损害了工人和农民等社会中下层群体的利益，导致近年来以农民"以法抗争"和工人"以理维权"为主的维权群体性事件增加。三是在发展战略方面，以牺牲资源和环境为代价的掠夺性发展，一些生产经营者不注重劳动者的生产条件和社会生存环境，导致恶性生产安全事故频频发生，引发严重环境污染问题，漠视和危害劳动者的基本福利和基本人权。瓮安事件表面的、直接的导火索是女中学生的死因争议，但背后深层次原因是当地在矿产资源开发、移民安置、建筑拆迁等工作中，侵犯群众利益的事情屡有发生。四是市场经济管理和政府公共管理间存在真空。随着我国社会发展，在从计划经济向市场经济转型的过程中，社会公共生活日新月异，公共事务日趋丰富膨胀，旧的公共管理模式受到冲击和挑战，政府担负公共管理职能的各种弊端也逐渐暴露出来。而对在公共事务领域出现的许多问题，政府目前的体制改革和职能转变在公共事务管理方面出现了不到位、不配套、不衔接和不适应的真空问题。目前群体性事件多发正是由于市场经济发展和政府公共管理之间出现真空。

2. 基层政府管治能力不足和干群关系的紧张。政府的管治能力不足，本质上来自对民众权利的漠视。一般认为，管治能力由预警机制、处置技术和问责制度三个方面组成。一些地方政府的各种预警制度设计上，存在两个极端，要么是无视民情民意，要么把民众的一举一动都当成“敌情”。从危机处置技术上说，地方政府的许多做法，出发点不是化解矛盾，而是暴力压服，致使冲突一再升级。基层政权处在改革发展稳定的第一线，处在联系群众、沟通群众、服务群众的第一线。但是，一些党员干部当官不作为，甚至公权私用，脱离群众，成为黑恶势力的保护伞。一些地方“政府不如黑道大哥说话管用”的现象，表明基层政权控制力削弱，社会治理能力薄弱，给社会稳定埋下重大隐患。

利益矛盾在诱发现阶段群体性事件中占主导地位，但这并不排除其他一些矛盾，如价值观念、文化信仰上的矛盾也同样引发一些群体性事件。但不管是利益矛盾还是其他矛盾，往往会通过干群矛盾集中地反映出来。干群之间的矛盾在整个人民内部矛盾中影响最大、作用最重要。干群矛盾成为现阶段人民内部矛盾中最为突出的矛盾，也成为现阶段群体性事件发生的另一种“催化剂”。瓮安事件正是如此，瓮安党政一些干部工作不作为、不到位，一出事就把公安机关推上第一线，群众意见很大，不但导致干群关系紧张，并且促使警民关系紧张，加之有的领导干部和公安民警长期以来失职渎职，对黑恶势力及严重刑事犯罪、群众反映的治安热点问题重视不够、打击不力，刑事发案率高、破案率低，导致当地社会治安不好，群众对此反应十分强烈。且在处置这些矛盾纠纷和群体事件过程中，一些干部作风粗暴、工作方法简单，甚至随意运用警力。

3. 标本性群体性事件折射出表达权的缺失。胡锦涛同志在党的十七大报告中指出要保障人民的知情权、参与权、表达权、监督权。“四权”中处于核心地位的是人民的表达权，而人民的表达权在现实社会中又主要体现在利益表达权方面。在现代政治体系中，几乎所有的利益表达行为都可分为制度化的与非制度化的两类。制度化的利益表达是在合法体制框架内进行的，主要有：通过个人和相关部门的接触和申诉来表达自己的利益；通过选举投票来对政党组织和代议机构的决策施加影响；通过合法的游行、示威、罢工等抗议活动来表达不满；通过媒体向政府施加舆论压力并取得社会同情等。如果人们的合法权益不能通过制度化的渠道得到有效维护，那么，他们就会把选择非制度化甚至非法的渠道进行利益表达，瓮安之类的群体性事件的爆发就是民众舆情表达机制不完善的结果。在我国，信访制度一直是党和政府了解民意的重要渠道，也是人民群众进行利益表达的特殊方式，然而多数群体性事件的发生显示着正常的利益诉求渠道被堵塞、情绪不能通过制度性的设计得以释放、诉求无门所以长期积怨，最终以非正常的利益表达方式进行对抗。

4.“瓮安事件”应该成为疏导民怨的范本。瓮安事件走上理性正确的轨道，始于领导人的讲话，再也不能漠视人民群众的利益，再也不能无视损害政府信誉基础的行为。对于那些残民以满足自己欲望的官员，必须毫不迟疑地查处。对于那些以勾结官员自肥、自保的黑恶势力，必须毫不容情的打击。这是执政的底线，也是符合全体人民意愿的治理之道。瓮安事件是疏导民怨的一个范本，不仅要借鉴其中成功的经验，更要吸取那些经过实践证明是失策的教训。疏导民怨就像治理堰塞湖一样，利用专门的可靠渠道引导民众的情绪，而不是一味高压，一味堵塞，一味欺上瞒下。人民群众的利益高于一切，是疏导民怨的行动指南。认真地、真诚地对待人民利益及其合法诉求，才是从真正意义上构建社会主义和谐社会。

参考文献

1. ［美］戴夫·布莱克. 救命！灾难逃生书，欧霞译，上海：上海科学技术文献出版社，2011

2. 郭太生. 灾难性事故与事件应急处置，北京：中国人民公安大学出版社，2006（2008年重印）

3. 全国干部培训教材编审指导委员会. 突发事件应急管理，北京：党建读物出版社，人民出版社，2011

4. 中国灾害防御协会. 市民公共安全应急指南，北京：北京大学出版社，2006

5. 红十字会与红新月会国际联合会（IFRC）. 2011年国际急救与复苏指南，中国红十字会总会专家团队译，日内瓦，2011

6. 孙跃宏. 海军战伤救护手册，北京：海潮出版社，2002

7. 唐治华，李富荣. 武器伤、训练伤及灾害医学救援常识，北京：军事医学科学出版社，1999

8. 朱文泉，雷鸣球.《生命的关口》，南京军区，2006

9. 国家减灾委员会. 全民防灾应急手册，北京：科学出版社，2009

10. 浙江省人民政府应急管理办公室. 公众应急防灾手册，杭州：浙江人民出版社，2005

11. 马宗晋，胡如虹. 灾害学导论，长沙：湖南人民出版社，1998

12. 薛澜，张强，钟开斌. 危机管理转型期中国面临的挑战，北京：清华大学出版社，2003

13. 郭济. 政府应急管理实务，北京：中共中央党校出版社，2004

14. 杨龙，王忠灿，闵锐. 军队放射源卫生防护与安全，苏州：苏州大学出版社，2010

15. 毛秉智，鲁华玉，陈肖华. 核辐射事故医学救援技术手册，北京：军事医学科学出版社，2004

16. 潘自强. 核与辐射恐怖事件管理，北京：科学出版社，2005

17. 苏旭. 核辐射恐怖袭击事件医学应对手册，北京：人民卫生出版社，2005

18. 吴穹，许开立. 安全管理学，北京：煤炭工业出版社，2002

19. 钱钢，耿庆国. 二十世纪中国重灾百录，上海：上海人民出版社，1999

20. 郭恒彬，陶开华. 重要疫病与医学动物防治指南，北京：人民军医出版社，2005

21. 王敬波. 公共危机管理案例，北京：研究出版社，2009

22. 李飞.《中华人民共和国突发事件应对法》释义及实用指南，北京：中国民主法制出版社，2007

23. 汪永清.《中华人民共和国突发事件应对法》解读，北京：中国法制出版社，2007

24. 周定平. 关于社会安全事件认定的几点思考，中国人民公安大学学报(社会科学版)，2008，第5期

25. 周定平. 社会安全事件应对研究，北京：中国人民公安大学出版社，2008

26. 温淑春.群体性突发事件成因的舆情视角,理论与现代化,2006,第1期

27.《中华人民共和国突发事件应对法》案例应用版,北京:中国法制出版社,2010

图书在版编目(CIP)数据

灾难危机全民应对手册 / 毛应华，杨龙，郑亦军主编. —上海：文汇出版社，2012.7

ISBN 978-7-5496-0542-2

Ⅰ.①灾… Ⅱ.①毛… ②杨… ③郑… Ⅲ.①灾害防治—手册 Ⅳ.①X4-62

中国版本图书馆 CIP 数据核字(2012)第 109397 号

灾难危机全民应对手册

主　　编 / 毛应华　杨　龙　郑亦军

责任编辑 / 季　元
封面装帧 / 张　晋

出版发行 / 文汇出版社
上海市威海路 755 号
(邮政编码 200041)
经　　销 / 全国新华书店
照　　排 / 南京展望文化发展有限公司
印刷装订 / 上海译文印刷厂
版　　次 / 2012 年 7 月第 1 版
印　　次 / 2012 年 7 月第 1 次印刷
开　　本 / 890×1240　1/32
字　　数 / 135 千
印　　张 / 9.375
印　　数 / 1—2 700

ISBN 978-7-5496-0542-2
定　　价 / 23.00 元